在家就能享受美味！

人气沙拉

[日] 岩崎启子　著　　周小燕　译

许多商家都致力于创意沙拉，
因此在食材、色彩、味道上不断推陈出新，
人们对沙拉也越来越热衷，
甚至有越来越多的人在聚会中选择沙拉，
沙拉在许多场合都获得了一致好评。

除了经典沙拉，
本书特别介绍了最近流行的高人气沙拉，
以及29种调味汁的制作方法。

普通的食材，稍加处理就变身人气沙拉，
美味的秘密就在本书中。
请一定要试一试！

南海出版公司
2019・海口

Contents

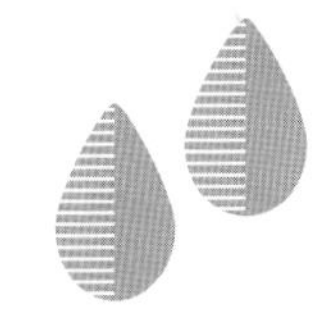

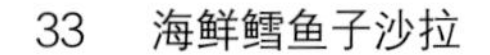

29 种调味酱汁

Part-1
人气、创新沙拉 36 款

Part-2
便捷储备沙拉

Part-3
清新水果沙拉

Part-4 豪华待客沙拉

Part-5 多国风味沙拉

Part-6 沙拉便当

专题：12 款懒人沙拉

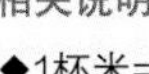

相关说明

- ◆1杯米=180g
- ◆1杯（液体）=200mL
- ◆1大匙=15mL
- ◆1小匙=5mL
- ◆微波炉功率：600W

29种调味酱汁

搅拌普通的食材，轻松做出想要的味道！
本篇介绍 29 种或经典或流行或创新的调味酱汁。
请选用不易氧化变质的新鲜食材。
分量：方便制作的分量（约 2 人份）

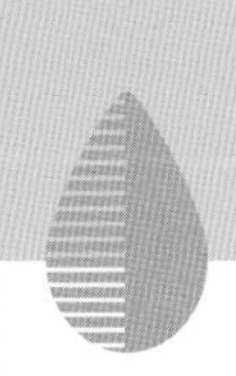

日式酱油调味汁

01

材料
酱油……3 大匙
醋……1 大匙
砂糖……1 小匙
高汤……2 大匙
色拉油……2 大匙

做法
混合所有材料，搅拌至砂糖溶解。

无油调味汁

02

材料
酱油……3 大匙
醋……2 大匙
砂糖……2 小匙
高汤……4 大匙
盐……1/5 小匙

做法
混合所有材料，搅拌至砂糖溶解。

03

意式调味汁

材料
橄榄油……3 大匙
葡萄醋……1 小匙
柠檬汁……2 小匙
黑胡椒……少量
盐……1/2 小匙
蒜末……少量

做法
混合所有材料，搅拌均匀。

法式调味汁

04

材料
A
- 醋……1 大匙
- 砂糖……1/4 小匙
- 盐……1/3 小匙
- 黑胡椒……少量

色拉油……3 大匙

做法
碗内放入A，搅拌至砂糖溶解。
一边缓慢倒入色拉油一边搅拌均匀。

无油青紫苏调味汁

材料
无油调味汁……全量
青紫苏切末……5 片

做法
混合所有材料，搅拌均匀。

05

06 中华调味汁

材料

酱油……4 大匙
醋……1 大匙
砂糖……1/2 大匙
葱末……1 大匙
红辣椒……1/2 根（去籽切小段）
香油……1 大匙
炒芝麻……1 小匙

做法

混合所有材料，搅拌至砂糖溶解。

07 萨尔萨调味汁

材料

洋葱……20g
西芹……20g
黄瓜……30g
甜椒（红）……20g

A
橄榄油……2 大匙
柠檬汁……1/2 大匙
盐……1/5 小匙
黑胡椒……少量
辣椒酱……少量
蒜末……少量

做法

西芹去叶去筋，黄瓜、洋葱、甜椒切小块，与A混合，搅拌均匀。

08 甜辣调味汁

材料

水……3 大匙
蒜（切末）……1 瓣
豆瓣酱……1 小匙
柠檬汁……3 大匙
砂糖……2 大匙
鱼露……1 大匙

做法

混合所有材料，搅拌至砂糖溶解。

09 特色调味汁

材料

红辣椒……1 根

A
鱼露……2 大匙
柠檬汁……4 大匙
砂糖……3 大匙
香油……2 小匙

做法

红辣椒去籽，浸入水中片刻。
切小段，与A混合，搅拌均匀。

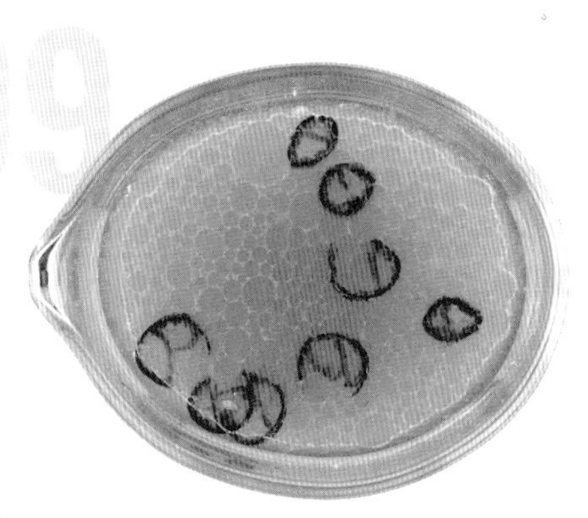

10 韩式调味汁

材料

酱油……3 大匙
砂糖……1 大匙
蒜末……1/4 小匙
葱末……1/2 大匙
芝麻碎……2 小匙
红辣椒酱……1/2 大匙
醋……1 大匙
香油……1½ 大匙

做法

混合所有材料，搅拌至砂糖溶解。

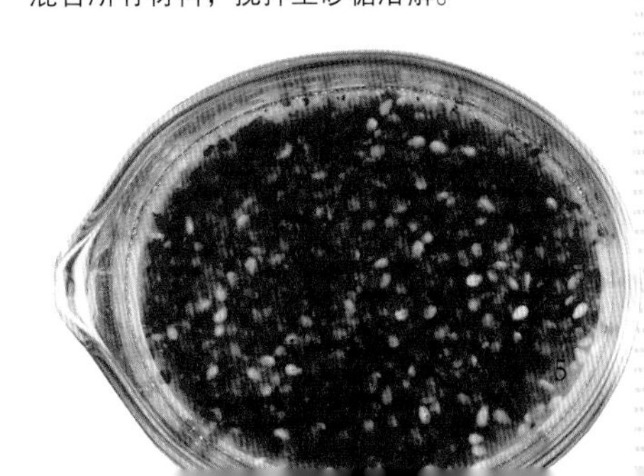

11 芝麻酱调味汁

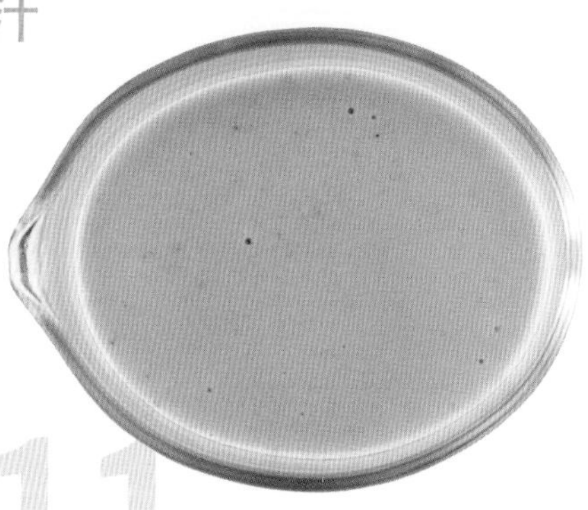

材料

酱油……2 小匙
醋……1 大匙
砂糖……1 小匙
芝麻酱……1 大匙
芝麻碎……1/2 大匙
盐、黑胡椒……各少量
色拉油……1 大匙

做法

混合所有材料，搅拌至砂糖溶解。

12 梅醋调味汁

材料

梅干……2 个
味啉……1 大匙
高汤 ……3 大匙
醋……1 小匙
色拉油……1 大匙

做法

梅干去核后切细末，和其他材料混合，搅拌均匀。

13 高汤冻

材料

A
高汤……1 杯
淡口酱油……1½ 大匙
味啉……1½ 大匙

吉利丁粉……4g

做法

锅内倒入A搅拌，煮沸后，关火，撒入吉利丁粉。搅拌均匀后倒入容器中散热，放入冰箱冷藏后用叉子搅碎。

14 棒棒鸡调味汁

材料

芝麻酱……1½ 大匙
酱油……2 大匙
醋……1/2 大匙
砂糖……2 小匙
香油……1 小匙
辣椒油……少量
葱白末……1 小匙

做法

按照顺序依次将其他材料放入芝麻酱内，搅拌均匀。

15 菌菇调味汁

材料

蒜（切末）……1 瓣
色拉油……1 小匙

A
香菇（切末）……2 个
培根（切粗粒）……1 片

B
色拉油……1 大匙
酱油、高汤……各 2 大匙
醋……1 大匙
黑胡椒……少量

做法

小平底锅内倒入色拉油和蒜末，炒出香味，放入A炒匀，关火。倒入B搅拌均匀，冷却或趁热食用味道都很好。

凯撒调味汁

材料

蛋黄酱……4大匙
橄榄油……1大匙
蒜末……少量
凤尾鱼……1/2片
柠檬汁……2小匙
芥末……1/2小匙
盐……1/4小匙
牛奶……1/2大匙
帕尔玛干酪……2大匙
黑胡椒……少量

做法

凤尾鱼切细末，和其他材料混合，搅拌均匀。

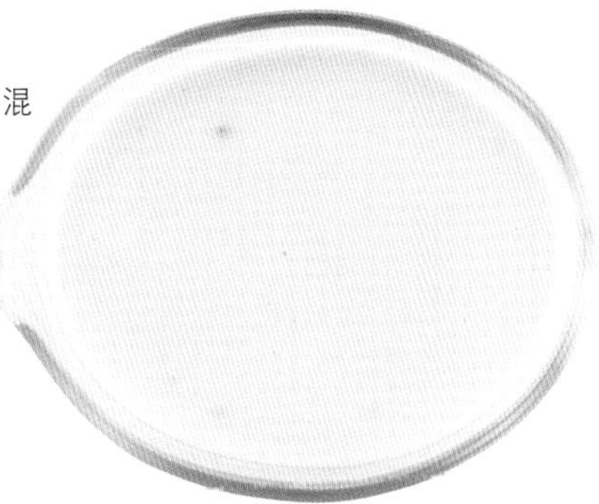

16

中华甜醋调味汁

材料

A
- 醋……2大匙
- 砂糖……2大匙
- 酱油……1小匙
- 芥末酱……1/2小匙
- 香油……1大匙

B
- 盐……1/3小匙
- 黑胡椒……少量

做法

将A混合，搅拌至砂糖和芥末酱充分溶解，撒上B搅拌均匀。

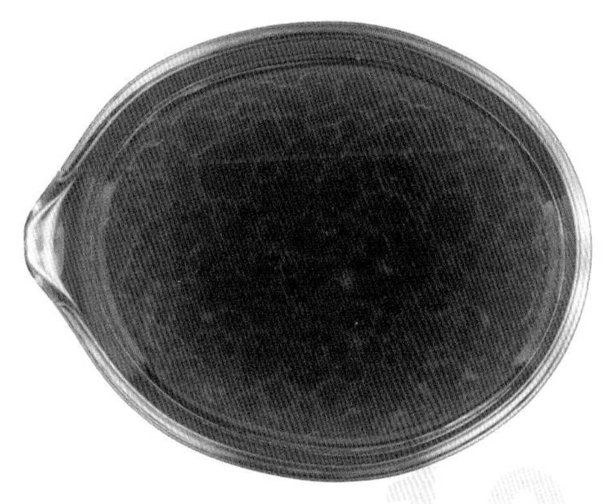

19

塔塔酱

材料

煮鸡蛋（全熟）……1个
洋葱末……1大匙

A
- 蛋黄酱……1/2杯
- 砂糖……1/2小匙
- 盐、黑胡椒……各少量

做法

洋葱末放入水中浸泡后沥干水分，鸡蛋切粗粒，和A混合，搅拌均匀。

17

柠檬酸奶调味汁

20

材料

原味酸奶……4大匙
蛋黄酱……1/2大匙
砂糖……2小匙
柠檬汁……2小匙
柠檬皮碎……少量
盐……1/5小匙
黑胡椒……少量

做法

混合所有材料，搅拌至砂糖溶解。

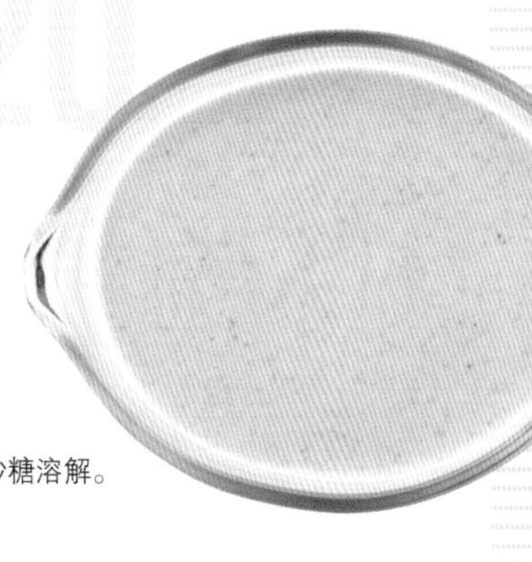

蜂蜜柠檬调味汁

材料

柠檬……2片
柠檬汁……1/2大匙
蜂蜜……1小匙
盐……1/4小匙
色拉油……2大匙
黑胡椒……少量

做法

柠檬去皮后切片，和其他材料混合均匀。

18

＊盐渍柠檬

材料

柠檬……2 个

盐……2 大匙

做法

柠檬洗净后切瓣，和盐一起放入消毒后的密封容器中，搅拌均匀，放入冰箱冷藏，每隔 2 ～ 3 天拿出晃动几次，腌制约 1 个月即可。

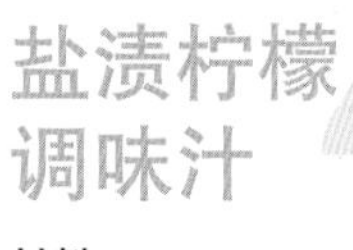

21 盐渍柠檬调味汁

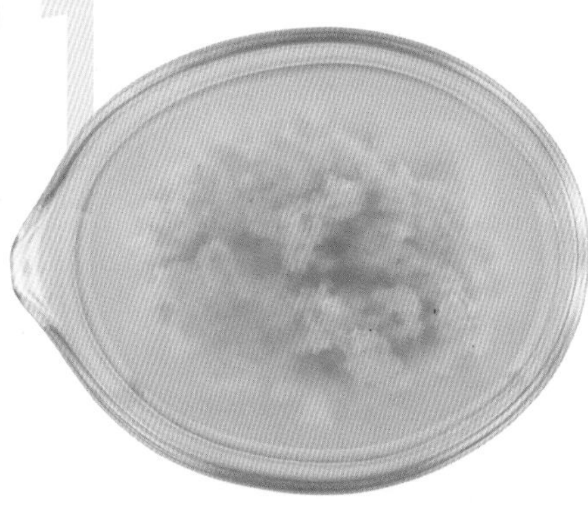

材料

盐渍柠檬*……1 大匙

色拉油……2 大匙

醋……1 小匙

黑胡椒……少量

做法

捣碎盐渍柠檬，和其他材料混合，搅拌均匀。

23 花生酱调味汁

材料

花生酱（无糖）……3 大匙

水……1 大匙

酱油……2 大匙

色拉油……1/2 大匙

砂糖、醋……各 1 小匙

红辣椒（切段）……1/2 根

蒜末……少量

做法

混合所有材料，搅拌均匀。

24 无油盐渍柚子调味汁

材料

高汤……4 大匙

盐……1¼ 小匙

砂糖……2 小匙

醋……2 大匙

柚子皮碎……少量

做法

混合所有材料，搅拌至砂糖溶解。

22 蛋黄酱调味汁

材料

蛋黄酱……5 大匙

牛奶……1/2 大匙

砂糖……1/2 小匙

盐、黑胡椒……各少量

做法

混合所有材料，搅拌至砂糖溶解。

25 西式酒冻

材料

白葡萄酒……1/4 杯

A
- 水……3/4 杯
- 盐……1/4 小匙
- 黑胡椒……少量
- 高汤膏……1/8 个

吉利丁粉……5g

柠檬汁……1 大匙

做法

锅内倒入葡萄酒，加热至沸腾，倒入A，继续加热搅拌至高汤膏完全溶解。倒入吉利丁粉搅拌溶解，冷却片刻后，放入柠檬汁搅拌均匀，倒入密封容器冷却至凝固。

牛油果酸奶调味汁

26

材料

牛油果……1/2 个
柠檬汁……1 小匙
洋葱末……1 大匙

A
- 原味酸奶……3 大匙
- 蛋黄酱……1 大匙
- 盐……1/6 小匙
- 黑胡椒……少量

做法

洋葱末放入水中浸泡约5分钟，沥干水分。牛油果上淋上柠檬汁后捣碎。A混合均匀，再放入洋葱末和捣碎的牛油果搅拌均匀。

番茄调味汁

27

材料

番茄（半熟）…… 1 个
洋葱……25g
蒜……少量

A
- 橄榄油……2 大匙
- 醋……1 大匙
- 盐……1/3 小匙
- 黑胡椒……少量

做法

番茄底部划十字，放入热水中，浸泡片刻后剥去皮。碗内放入番茄、洋葱和蒜后捣碎，倒入A，搅拌均匀。

椰油调味汁

28

材料

椰油*……1½ 大匙
柠檬汁……1/2 大匙
盐……1/6 小匙
砂糖……1/4 小匙
黑胡椒……少量

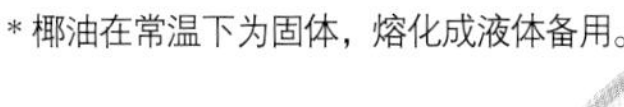
* 椰油在常温下为固体，熔化成液体备用。

做法

混合所有材料，搅拌至砂糖溶解。

* 盐曲

材料

干燥盐曲……200g
盐……60g
水……1½ 杯

做法

用手碾碎干燥盐曲，放入消毒后的密封容器中，撒上盐，用手搅拌均匀。加水没过盐曲，室温静置 7 ～ 10 天，每天搅拌 1 次。干燥盐曲变软后，放入冰箱冷藏保存。

盐曲调味汁

29

材料

盐曲*……1 小匙
色拉油……3 大匙
醋……1 大匙
黑胡椒……少量

做法

混合所有材料，搅拌均匀。

Part-1 人气、创新沙拉36款

精益求精的商家
不断更新人气沙拉，
即使菜名相同，也各有特色。
在此为大家介绍36款人气沙拉和创新沙拉。

塔塔酱土豆沙拉

土豆沙拉一直拥有很高的人气，
这种简单且成熟的味道让人情有独钟。

材料（2～3人份）

土豆……3个
盐、黑胡椒……各少量
煮鸡蛋（全熟）……1个
泡菜（小黄瓜）……1根
A
蛋黄酱……4½大匙
洋葱末……2小匙
砂糖……1/6小匙
盐、黑胡椒……各少量
火腿片……6片

做法

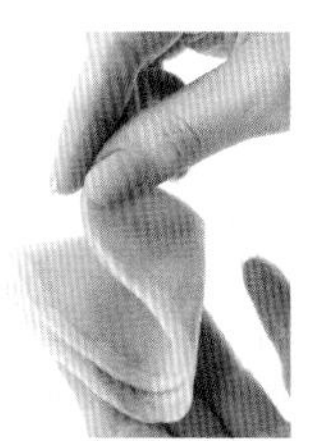

1 土豆削皮，切成适口大小，放入水中煮约15分钟后沥干水分，放入锅内，煎去水分，撒上盐、黑胡椒，静置冷却。煮鸡蛋、泡菜切粗粒。

2 混合1的煮鸡蛋和A，放入冷却的土豆拌匀。折叠火腿片，放入盘中，撒上泡菜。

金黄土豆沙拉

煮鸡蛋、玉米粒和甜椒，组合成一盘金光闪闪的沙拉！
用蛋黄酱、盐和黑胡椒做出的简单味道，美味又方便。
→做法 p16

雪白土豆沙拉

大量的菜花、白香肠，还有奶油奶酪，
组合成味道浓郁的土豆沙拉。适合喜欢奶油的人。
→做法 p16

鲜绿土豆沙拉

西蓝花和牛油果，
裹上满满的以罗勒酱汁为基础的酸奶调味汁，
组合出味道成熟的土豆沙拉。
→做法 p17

俄式酒红土豆沙拉

大量松软香甜的红色俄罗斯蔬菜，
让土豆沙拉色彩华丽。很适合聚餐！
→做法 p17

金黄土豆沙拉

材料（2～3人份）

土豆……3个

煮鸡蛋（全熟）……2个

蛋黄酱……3大匙

甜椒（黄）……1/4个

玉米粒……50g

盐、黑胡椒……各适量

做法

1 处理土豆（参照p11）。1个煮鸡蛋分离蛋黄和蛋白，分别捣碎，蛋黄加蛋黄酱搅拌均匀。

2 将玉米粒、少量盐、黑胡椒和1搅拌装盘，再放上切成丝的甜椒和另1个煮鸡蛋（切瓣）。

雪白土豆沙拉

材料（2～3人份）

土豆……2个

盐、黑胡椒……各少量

菜花……60g

白香肠……3根

洋葱……30g

奶油奶酪……40g

A
- 原味酸奶……3大匙
- 蛋黄酱……2大匙
- 芥末酱……1/2小匙
- 盐、黑胡椒……各少量

做法

1 处理土豆（参照p11）。菜花撕小朵后焯水，香肠放入热水中煮熟，斜着切片。洋葱切薄片，用水浸泡后沥干水分。奶油奶酪切小块。

2 把A中的酸奶倒在厨房纸巾上，沥干水分，和A的其他材料搅拌均匀。

3 将2和1中的土豆、菜花、香肠、一半洋葱混合均匀，装盘，放上奶油奶酪和另一半洋葱。

鲜绿土豆沙拉

材料（2～3人份）
土豆……3个
盐、黑胡椒……各少量
西蓝花……60g
A 原味酸奶……3大匙
罗勒酱（市售）……1/2小匙
蛋黄酱……3大匙
牛油果……1/2个
皱叶生菜……2片

做法

1 处理土豆（参照p11）。西蓝花撕小朵后焯水。

2 把A中的酸奶倒在厨房纸巾上，沥干水分，和A的其他材料搅拌均匀。

3 牛油果去皮去核后捣碎，放入1中的土豆、2中的材料以及西蓝花、撕碎的生菜一起搅拌后装盘。

俄式酒红土豆沙拉

材料（2～3人份）
土豆……3个
盐、胡椒……各少量
西芹……1/4根
甜椒（红）……1/2个
甜菜（水煮）……80g
槟榔粒……1/2小匙
A 蛋黄酱……4大匙
柠檬汁……2小匙
砂糖……1小匙
黑胡椒……少量

做法

1 处理土豆（参照p11）。西芹去叶去筋，切小块，甜椒放在烤架上烤软，剥皮后切小块，甜菜去皮后切小块。

2 将1中除甜椒以外的其他材料混合，搅拌均匀后倒入A，装盘后撒上甜椒。

番茄蟹肉沙拉

蛋黄酱打底的蟹肉沙拉非常经典，
最近风靡的这款沙拉，加入酸甜的番茄更能凸显口感。

材料（4人份）

意大利面……100g
色拉油……1小匙
盐、黑胡椒……各少量
蟹肉……60g
胡萝卜……30g
洋葱……20g
圣女果……4个

A
- 蛋黄酱调味汁（p8）……全量
- 淡奶油……1大匙
- 番茄泥……1/2小匙

皱叶生菜……2片

做法

1 细长意大利面折成3段，放入热盐水中煮软，用笊篱捞出，加入油、盐、黑胡椒，拌匀备用。

2 胡萝卜切丝，撒上少量盐（分量外），腌软后沥干水分。洋葱切丝；圣女果去蒂，切4等份后横切一刀。蟹肉切粗粒。

3 将搅拌均匀的A、1中的意大利面，2中的胡萝卜、洋葱和1/3的蟹肉混合均匀，分成4等份，放在汤勺上，用夹子卷成圆圈，和生菜一起装盘。顶部装饰上蟹肉和圣女果。

鸡肉牛油果沙拉

烤箱轻松烤出外焦里嫩的香辣鸡肉，
搭配牛油果做出美味沙拉。

材料（2人份）

鸡腿肉……1片

A
- 橄榄油……1小匙
- 蒜（切末）……1/4瓣
- 辣椒粉……1½小匙
- 番茄酱……1/2大匙
- 柠檬汁……少量
- 盐……1/3小匙

牛油果……1/2个
柠檬汁……1小匙
生菜……3片
芝麻菜……10g
甜椒（红）……30g
萝卜……30g

B
- 法式调味汁（p4）……3大匙
- 洋葱末……1大匙

做法

1 用叉子在鸡肉上戳几下，浸入A中，室温静置约30分钟使其入味。用烤箱烘烤10分钟，冷却备用。牛油果去皮去核，切瓣后淋上柠檬汁。

2 生菜撕成适口大小，芝麻菜切3cm长的段，萝卜和甜椒切丝，稍微搅拌后装盘。1中的鸡肉和牛油果切适口大小，放到蔬菜上，浇上混合均匀的B。

番茄酒冻沙拉

法式

西式酒冻

盛夏时，推荐使用闪闪发亮、爽弹顺滑的果冻，
搭配去皮番茄做成沙拉。

材料（2人份）

番茄……2个

法式调味汁（p4）……2大匙

西式酒冻（p8）……4大匙

细叶芹……少量

做法

1 番茄去蒂，过一下热水后去皮，浇上一半法式调味汁后冷却。

2 番茄装盘，浇上另一半调味汁，放入搅碎的西式酒冻，点缀上细叶芹。

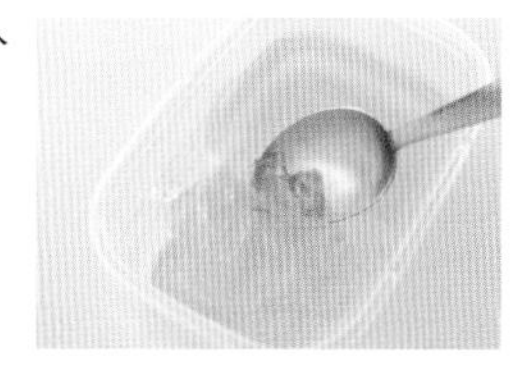

炸茄子沙拉

油炸茄子搭配无油调味汁和白萝卜泥，味道更清爽！
一定不要忘记放上一些柚子胡椒！

无油　p5 中华　p4 无油青紫苏　p6 梅醋　p6 菌菇

材料（2人份）

茄子……3根
煎炸油……适量
大葱……1/2根
萝卜……100g
A　无油调味汁（p4）……3大匙
　　柚子胡椒……1/8小匙

做法

1 茄子去蒂，纵向切两半后，在表皮斜着划几刀，放入加热到170℃的油中炸软。

2 大葱斜着切段，用水浸泡后沥干水分。萝卜削皮后切碎，沥干水分。

3 葱丝铺在盘上，放上茄子，再堆上萝卜泥，浇上混合均匀的A。

清爽盐渍柠檬沙拉

这是一道简单又不失华丽的沙拉。
用柠檬提味，味道更柔和。

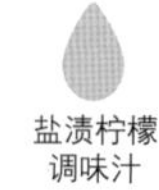
盐渍柠檬
调味汁

材料（2人份）

菜花……50g
圆白菜……1片
胡萝卜……30g
西芹……1/4根
黄瓜……1/2根
盐……1/5小匙
盐渍柠檬调味汁（p8）……1/3的量

做法

1 菜花撕小朵，放入热水中煮至略硬。圆白菜切大片，胡萝卜切成1.5cm长的细条，西芹去叶去筋后斜着切段，黄瓜斜着切段。蔬菜全部撒上盐拌匀，静置约10分钟后沥干水分。

2 混合所有食材和盐渍柠檬调味汁，静置使其入味。

煎蔬菜沙拉

飘香诱人的煎蔬菜沙拉，大人小孩都喜爱。
可以多做一些备用，但刚做好的味道更加独特。

盐曲调味汁　p4 意式　p4 法式　p7 凯撒　p9 番茄　p6 棒棒鸡

材料（2人份）

西葫芦……1/2根
胡萝卜……40g
南瓜……100g
芦笋……4根
杏鲍菇……1根
橄榄油……少量
凤尾鱼……1片
盐曲调味汁（p9）……2大匙
蒜末……少量

做法

1 西葫芦、胡萝卜、南瓜切片，芦笋切掉根部较硬的部分，剥下叶鞘。杏鲍菇的伞柄切片，菇伞切成4等份。

2 热好的平底锅内倒入橄榄油，放入1，煎到焦黄。芦笋煎好后切成3cm长的段。

3 凤尾鱼切碎，混合盐曲调味汁和蒜末，装盘，放上2。

新鲜章鱼沙拉

章鱼多多，尽享筋道口感。
非常适合搭配新鲜的番茄。

意式

p9
番茄

p6
梅醋

p8
盐渍柠檬调味汁

p4
日式酱油

p5
特色

材料（2人份）

煮章鱼……150g
生菜……2片
水菜……50g
黄瓜……1/2根
洋葱……20g
番茄……1/4个
意式调味汁（p4）……3大匙

做法

1. 章鱼切薄片，生菜撕成适口大小，水菜切成3cm长的段，黄瓜和洋葱切丝，番茄切小块。
2. 章鱼、生菜、水菜、黄瓜和洋葱拌匀装盘，撒上番茄，再浇上意式调味汁。

鳕鱼子鲜豆皮沙拉

使用鲜豆皮的沙拉，还是刚做好的味道最好。
鳕鱼子和盐曲自带的咸味让味道更浓郁。

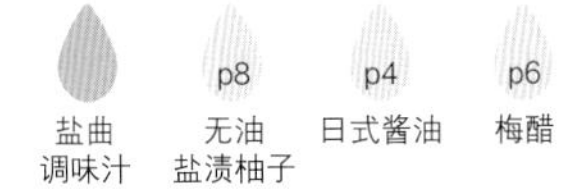

材料（2人份）
鳕鱼子……40g
鲜豆皮……50g
萝卜……100g
水菜……50g
紫苏叶……4片
盐曲调味汁（p9）……2大匙

做法

1 鳕鱼子切成适口大小，鲜豆皮切成适口大小，萝卜切丝，水菜切3cm长的段，紫苏叶撕成适口大小。

2 鲜豆皮、萝卜、水菜和紫苏叶稍微搅拌后装盘，放上鳕鱼子，浇上盐曲调味汁。

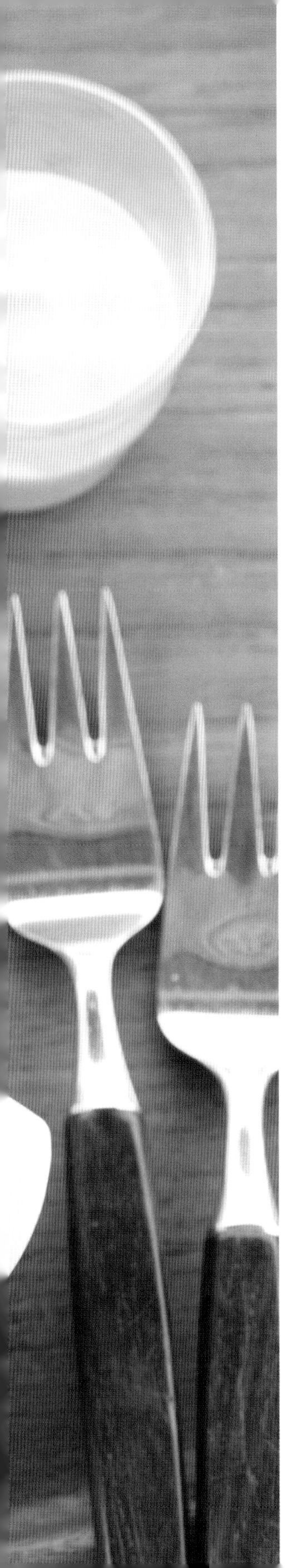

牛油果豆子沙拉

豆类和牛油果，是广大女性喜爱的食材。
混合这两种食材做出的沙拉，色香味俱全。
建议使用金枪鱼蛋黄酱，味道更浓郁！

材料（2人份）
牛油果……1/2个
柠檬汁……1小匙
皱叶生菜……2片
菠菜……20g
番茄……1/2个
混合豆类……60g
金枪鱼蛋黄酱

A
金枪鱼……1小罐
槟榔……5颗
蛋黄酱……3大匙
柠檬汁……1小匙
番茄泥……1/3小匙
蒜末……少量
盐、黑胡椒……各少量

金枪鱼蛋黄酱 p7 塔塔酱 p7 凯撒 p4 法式 p4 意式

做法

1 牛油果去皮去核，切半圆片，浇上柠檬汁。生菜撕成适口大小，菠菜切3cm长的段，番茄切碎。

2 制作金枪鱼蛋黄酱。把A中的金枪鱼沥干水分，捣碎，槟榔切末。金枪鱼、槟榔和A的其他材料搅拌均匀。

3 将1中除牛油果之外的材料装盘，放上牛油果和沥干水分的混合豆类，浇上一半金枪鱼蛋黄酱。

意大利面白香肠罗勒沙拉

受欢迎的意大利面沙拉，
浇上广受女性喜爱的罗勒酱即可。
关键是使用高级的白香肠。

材料（2人份）

意大利面……150g
橄榄油……1小匙
白香肠……2根
圆白菜……1片
西芹……30g
洋葱……20g
盐……少量

A
- 蛋黄酱……3大匙
- 原味酸奶……2大匙
- 罗勒酱（市售）……1小匙

做法

1 意大利面放入热盐水中煮熟，用笊篱捞出，浇上橄榄油，冷却备用。白香肠煮熟后斜着切片，圆白菜对半切开后裹上保鲜膜，放入微波炉（600W）加热约30秒，切小块。

2 西芹去叶去筋后斜着切片，洋葱切丝，用盐腌一会儿，变软后沥干水分。

3 将混合均匀的A、1和2混合，搅拌均匀，装盘。

蒜香鲜虾西蓝花沙拉

法式　p9 牛油果酸奶　p5 萨尔萨　p4 意式　p9 番茄

增进食欲、香气诱人的蒜油浇在鲜虾上，
再在华丽的沙拉上撒上一些洋葱碎，这是美味的点睛之笔！

材料（2人份）

虾……150g
盐、黑胡椒……各少量
蒜……1瓣
红辣椒……1/4段
西蓝花……60g
甜椒（红、黄）……各1/8个
生菜……2片
紫甘蓝……1片
橄榄油……2小匙
A 法式调味汁（p4）……2大匙
　芥末酱……1/2小匙
洋葱碎……2小匙

做法

1 鲜虾剥壳后去除虾线，撒上盐、黑胡椒。蒜、红辣椒切粗末。西蓝花撕小朵，放入热水中略煮。甜椒切丝，生菜、紫甘蓝撕成适口大小。

2 平底锅内放入橄榄油、蒜和红辣椒，小火加热，炒出香味后转中火，放入虾继续炒。

3 将1中的蔬菜和虾装盘，浇上混合均匀的A，撒上洋葱碎。

章鱼土豆青椒沙拉

蛋黄酱

给味道辛辣的辣酱汁再加把劲。
撒上青辣椒，让味道更火辣。情不自禁就想来杯啤酒！

材料（2人份）

土豆……2个
章鱼……100g
甜椒（红）……1/4个
青辣椒……2个
杏仁片……1大匙

A
- 原味酸奶……3大匙
- 蛋黄酱调味汁（p8）……2大匙
- 辣椒粉……1/2小匙
- 柠檬汁……1小匙
- 蒜末……少量
- 盐、黑胡椒……各少量

做法

1 土豆带皮用保鲜膜包裹，放入微波炉（600W）加热3分钟后翻面，继续加热2分钟。稍微冷却后剥皮，切成适口大小，冷却备用。章鱼切成适口大小，甜椒切丝，青辣椒去籽切小段，杏仁片煎出焦黄色。

2 把A中的酸奶放在厨房纸巾上，沥干水分，和A的其他材料混合均匀。

3 混合土豆块、章鱼块、甜椒丝和一半青辣椒段，再撒上其他的青辣椒和杏仁片。

※青辣椒可用红辣椒代替，也可以放入少量切碎的红甜椒。

煎笋沙拉

关键在于樱花虾的香气充分包裹清淡的竹笋。
这款沙拉能享受到各种蔬菜混合的口感。

日式酱油

材料（2人份）
竹笋（水煮）……100g
樱花虾（油炸）……40g
橄榄油……1小匙
豌豆……50g
萝卜……100g
甜椒（红）……1/8个
水菜……50g
A
日式酱油调味汁（p4）……2大匙
葡萄醋……1小匙
蒜末……少量
黑胡椒……少量

做法

1 竹笋切片，放入烧热的平底锅中，两面煎至焦黄。倒入橄榄油，放入樱花虾稍炒一会儿。

2 豌豆去筋，放入热水中煮熟，切开豆荚，萝卜、甜椒切丝，用水浸泡一会儿后沥干水分，水菜切3cm长的段。

3 混合1的竹笋和2后装盘，放上1的樱花虾，浇上搅拌均匀的A。

红薯无花果干奶酪沙拉

法式　蜂蜜柠檬 p7

红薯和无花果干的香甜加上培根的盐味和烟熏味，
味道很浓郁，非常适合搭配白葡萄酒。

材料（2人份）

红薯……1个（300g）
无花果干……4个
培根……1片
马苏里拉奶酪……6个
法式调味汁（p4）……2大匙

做法

1 红薯切两半，带皮用保鲜膜包裹，放入微波炉（600W）加热3分钟后翻面，继续加热2分30秒，静置冷却后切小块。将无花果干切4等份，培根切小片，放入平底锅中炒熟。

2 将1、马苏里拉奶酪和法式调味汁混合均匀。

海鲜鳕鱼子沙拉

使用提前处理过的海鲜，才会让味道更为鲜美！
一定要用心做沙拉。

材料（2人份）

墨鱼……40g
虾……6只
萝卜……150g
紫洋葱……50g
水菜……50g
鳕鱼子……40g
A
蛋黄酱……3大匙
柠檬汁……1小匙
盐、黑胡椒……各少量
贝柱……4个
玉米……40g

做法

1 墨鱼去除内脏和足后剥皮，焯过后切小段。虾去除虾线，焯过后去壳。贝柱焯熟。

2 萝卜和紫洋葱切丝，水菜切3cm长的段。

3 鳕鱼子去膜后切碎，和A混合均匀，放入墨鱼、虾和贝柱拌匀。2中的食材和玉米装盘，放上混合好的海鲜。

尼斯沙拉

虽然是传统的沙拉，但人气一直不减。
这里介绍简单易学的方法。
美味的秘诀，就是将洗净的蔬菜完全沥干水分！

法式　p7 凯撒　p9 牛油果酸奶　p4 意式　p8 盐渍柠檬调味汁

材料（2人份）
土豆……1个
煮鸡蛋……1个
四季豆……6根
紫洋葱……30g
生菜……3片
番茄……1/2个
黑橄榄……3颗
凤尾鱼……1/2片
法式调味汁（p4）……3大匙
蒜末……少量
金枪鱼……1小罐

做法

1 土豆带皮包裹上保鲜膜，放入微波炉（600W）加热3分钟后去皮切片。煮鸡蛋切4瓣，四季豆去蒂，用热水焯过后对半切开。紫洋葱切丝，用水浸泡后沥干水分。生菜撕成适口大小，番茄切8瓣，黑橄榄切圆片。

2 凤尾鱼切碎，和法式调味汁、蒜末混合均匀。

3 沥干水分的金枪鱼和1装盘，撒上2。

豆腐羊栖菜日式沙拉

日式酱油　p5 中华　p6 芝麻酱　p6 菌菇

清香的莲藕搭配蛋白质丰富的豆腐以及羊栖菜。
豆腐要放在笊篱上沥干水分。

材料（2人份）

羊栖菜（干燥）……2大匙

A
- 酱油……2小匙
- 砂糖……1小匙
- 香油……1/2小匙

嫩豆腐……200g
甜椒（红）……20g
生菜……2片
莲藕……40g
煎炸油……适量
混合蔬菜叶……10g
毛豆（煮熟）……20粒
日式酱油调味汁（p4）……2大匙

做法

1 羊栖菜用水洗净，倒入大量水泡发，用热水焯过后沥干水分，趁热和A混合均匀。豆腐沥干水分，甜椒切丝，生菜撕成适口大小。

2 莲藕切薄片，放入加热到160℃的油中，炸出金黄色。

3 容器内铺上生菜和混合蔬菜叶，放上羊栖菜、掰碎的豆腐、毛豆和甜椒，放上炸藕，浇上日式酱油调味汁。

秋葵鲜豆皮山药沙拉

清脆的秋葵与黏稠的山药，搭配口感丰富的盐曲调味汁。
梅子是点睛之笔，一定不要忘记。

盐曲调味汁　p4 日式酱油　p6 芝麻酱　p5 中华　p6 菌菇

材料（2人份）
秋葵……8根
鲜豆皮……60g
山药……150g
紫苏叶……4片
梅子……3颗
盐曲调味汁（p9）……2大匙

做法

1 秋葵去蒂，用盐揉搓表面，用热水焯一下，切长段。鲜豆皮切适口大小。山药削皮，切长条。

2 1的秋葵和山药装盘，撒上撕碎的紫苏叶和去核切粗粒的梅子，浇上盐曲调味汁。

西葫芦南瓜双丝沙拉

法式

微波炉轻松制作的热沙拉，也可冷却后食用。
关键是一定要用芥末调味。

材料（2 人份）

西葫芦……1/2 根
南瓜……100g
盐、黑胡椒……各少量

A
- 法式调味汁（p4）……2 大匙
- 颗粒芥末酱……2 小匙
- 芥末酱……1/2 小匙

做法

1 西葫芦和南瓜切丝，各自用保鲜膜裹好。西葫芦放入微波炉（600W）加热1分钟，南瓜加热1分40秒，放入碗内搅拌均匀，撒上盐、黑胡椒。

2 混合均匀的A和1粗略搅拌。

秋葵烤贝柱沙拉

常用作刺身的贝柱，做出的沙拉味道非常好！
再用爆浆玉米粒搭配黏稠的秋葵吧。

材料（2人份）

秋葵……8根
水菜……80g
贝柱（刺身用）……100g
盐、黑胡椒……各少量
色拉油……少量
玉米粒……40g
日式酱油调味汁（p4）……3大匙

做法

1 秋葵去蒂，用盐揉搓表面，用热水焯一下，斜着切段。水菜切3cm长的段。

2 贝柱横着对半切开，撒上盐、黑胡椒，平底锅烤热倒入色拉油，放入贝柱煎至两面焦黄。

3 水菜铺在盘底，放上秋葵、贝柱、玉米粒，浇上日式酱油调味汁。

牛蒡日式春卷

→做法 p43

三文鱼牛油果春卷

→做法 p42

鸡肉香菜中华春卷

→做法 p43

三文鱼牛油果春卷

蛋黄酱

番茄

意式

凯撒

塔塔酱

盐渍柠檬调味汁

三文鱼和牛油果的经典搭配，
点缀上微苦的芝麻菜，味道更厚重。

材料（2人份）

生菜……2片
紫洋葱……20g
芝麻菜……1棵
牛油果……1/4个
柠檬汁……1/2小匙
春卷皮……2片
烟熏三文鱼……4片
蛋黄酱调味汁（p8）……适量

做法

1 生菜切粗条，紫洋葱切丝，放入水中浸泡一会儿，沥干水分。芝麻菜切除根部，牛油果削皮后切4等份，倒上柠檬汁。

2 春卷皮浸入水中一会儿后铺在桌上，放上2片烟熏三文鱼和一半的生菜、牛油果、紫洋葱（a），将两侧叠起（b）卷一下，放上半棵芝麻菜（c）继续卷（d、e）。卷好后切开，搭配蛋黄酱食用。剩余的食材用来做另一个春卷。

a

b

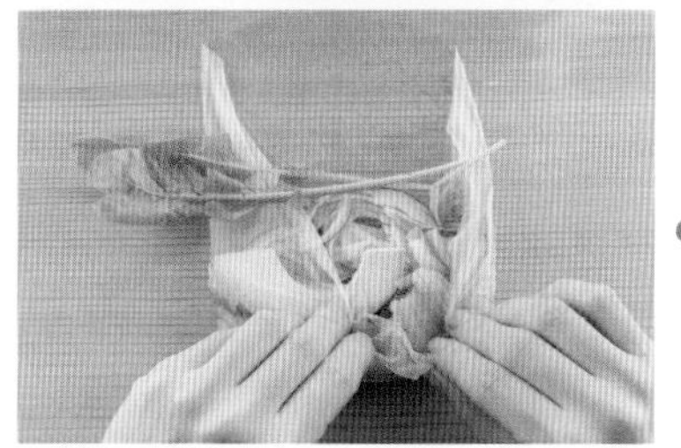

c

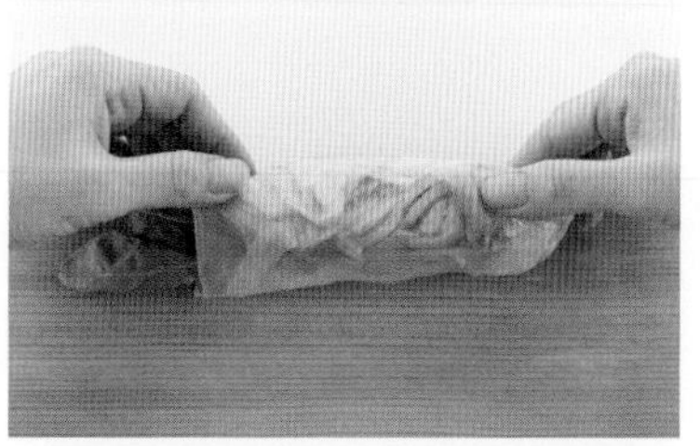

d

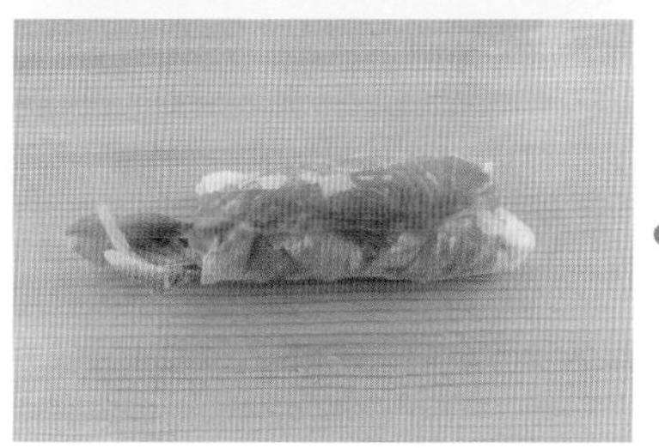

e

牛蒡日式春卷

芝麻酱　p6 梅醋　p5 韩式　p4 日式酱油　p9 盐曲调味汁

卷起紫苏叶、水菜等蔬菜，
就做成别有风味的春卷。
撒上五香粉，更显蔬菜的清甜。

材料（2人份）

紫苏叶……2片
水菜……20g
牛蒡……60g
胡萝卜……20g
猪肉薄片……20g
香油……1小匙
酱油……1小匙
砂糖……1/2小匙
五香粉……少量
春卷皮……2片
芝麻酱调味汁（p6）……适量

做法

1 紫苏叶对半切开，水菜切3cm长的段。牛蒡、胡萝卜、猪肉切丝，牛蒡放入水中浸泡，沥干水分。

2 平底锅内倒入香油加热，猪肉炒熟，放入牛蒡、胡萝卜继续炒，倒入酱油、砂糖、五香粉后炒匀出锅。

3 春卷皮浸入水中一会儿后铺在桌上，铺上一片紫苏叶，放上一半的水菜和2，两侧叠起，卷到末端，搭配芝麻酱食用。剩余的食材用来做另一个春卷。

鸡肉香菜中华春卷

中华　p6 棒棒鸡　p5 甜辣　p5 特色　p7 中华甜醋

用微波炉制作鸡肉非常简单！
如果想要给家人做荤素搭配的健康沙拉，
这个春卷正合适。

材料（2人份）

鸡胸肉……100g
盐、黑胡椒……各少量
酒……1小匙
生姜（薄片）……2片
胡萝卜……20g
生菜……2片
小葱……2根
香菜……少量
春卷皮……2片
中华调味汁（p5）……适量

做法

1 鸡肉表面撒上盐、黑胡椒，放入耐热容器后倒入酒，撒上生姜片，用保鲜膜盖好。放入微波炉（600W）加热2分钟，冷却一会儿后，撕成大块。

2 胡萝卜切丝，生菜切粗条，小葱切10cm长的段，香菜切碎。

3 春卷皮浸入水中一会儿后铺在桌上，放上一半的生菜、胡萝卜、鸡肉、香菜，将两侧叠起卷一下，放上一半的小葱继续卷。卷好后切开，搭配中华调味汁食用。剩余的食材用来做另一个春卷。

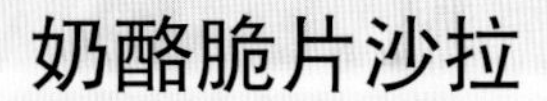

奶酪脆片沙拉

用平底锅做简单的奶酪脆片，
搭配浓稠的金枪鱼酱汁和多种
蔬菜做成的沙拉，可尽享美味。

材料（2人份）

西葫芦……1/2根
四季豆……50g
甜椒（红）……1/3个
生菜……3片
金枪鱼蛋黄酱（p27）……3大匙
比萨用奶酪粉……30g

做法

1 西葫芦切圆片，四季豆去蒂，分别用热水焯熟。煮好的四季豆斜着对半切开。甜椒切丝，生菜撕成适口大小。

2 平底锅用中火加热，每次放上2～3撮奶酪粉。等慢慢浮出油花周围凝固后翻面，轻轻压平，煎至焦黄。

3 蔬菜装盘，淋上金枪鱼蛋黄酱，放上2的奶酪脆片。

炸墨鱼甜辣沙拉

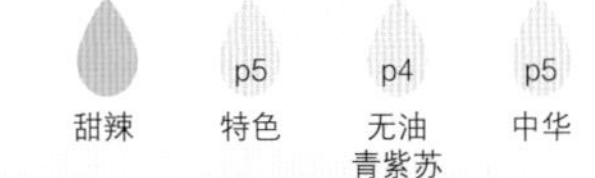

炸墨鱼时顺便将茄子、蔬菜一起炸好。
搭配甜辣酱汁，做成简单又能量满满的中华沙拉。

材料（2人份）

墨鱼身……200g
盐、黑胡椒……各少量
面粉……1/2杯

A
- 水……80mL
- 土豆淀粉……1½大匙
- 泡打粉……1/2小匙
- 香油……1/2大匙

煎炸油……适量
茄子……1根
甜椒……2个
皱叶生菜……2片
甜辣调味汁（p5）……3大匙

做法

1. 墨鱼去皮后切块，撒上盐、黑胡椒，裹上面粉。A混合均匀，墨鱼裹上A，放入加热到170℃的油中，炸至酥脆。
2. 茄子去蒂，纵向切4等份，再对半切开。甜椒切块。分别炸好。
3. 生菜撕成适口大小，铺在盘底，倒上1、2中的材料，淋上甜辣调味汁。

红薯鸡肉沙拉

香嫩多汁的鸡肉和秋季时鲜——软糯红薯、菌菇做成沙拉。
天冷了就特别想吃这道沙拉呢。

法式

p4
意式

p7
蜂蜜柠檬

p5
萨尔萨

材料（2人份）

鸡腿肉……1小片
盐、黑胡椒……各少量
蒜片……2片
红薯……200g
杏鲍菇……1根
橄榄油……1½小匙
红薯片……适量
生菜……2片

A
- 法式调味汁（p4）……2大匙
- 罗勒酱（市售）……1/2小匙

做法

1 用叉子在鸡肉表面戳几下，撒上盐、黑胡椒。平底锅内放入1小匙橄榄油和蒜，加热，炒出香味后去蒜，中火将鸡肉和红薯片煎至两面焦黄。

2 红薯带皮用保鲜膜包裹，放入微波炉（600W）加热3分30秒，稍微冷却后切块。杏鲍菇对半切开后纵向切4等份，平底锅倒入1/2小匙橄榄油，放入杏鲍菇煎熟。

3 盘子内铺上生菜，将1中的鸡肉切成适口大小，和2中的材料一起装盘，浇上混合均匀的A。

小鱼干豆海藻沙拉

口感爽滑的凉粉和海藻、肥厚的蟹味菇、酥松的小鱼干，做成一盘口感丰富的沙拉。

材料（2人份）

海藻（干）……6g
石花菜（干）……5g
蟹味菇……1/2袋
萝卜……100g
紫甘蓝……30g
生菜……2片
炒黄豆……2大匙
香油……1小匙
小鱼干……2大匙
酱油……1小匙
味啉……1/2小匙
日式酱油调味汁（p4）……2大匙

做法

1 海藻和石花菜放入水中泡发，沥干水分。蟹味菇切掉根部，撕成大块，放在烤架上烤约5分钟，稍微冷却后撕成小朵。萝卜、紫甘蓝切丝，生菜撕成适口大小。炒黄豆切碎。

2 平底锅内倒入香油，加热，小鱼干煎至酥脆，放入1的炒黄豆，粗略搅拌后倒入酱油、味啉炒匀。

3 盘子内铺上1中的蔬菜，放上蟹味菇、海藻和石花菜，淋上2和日式酱油调味汁。

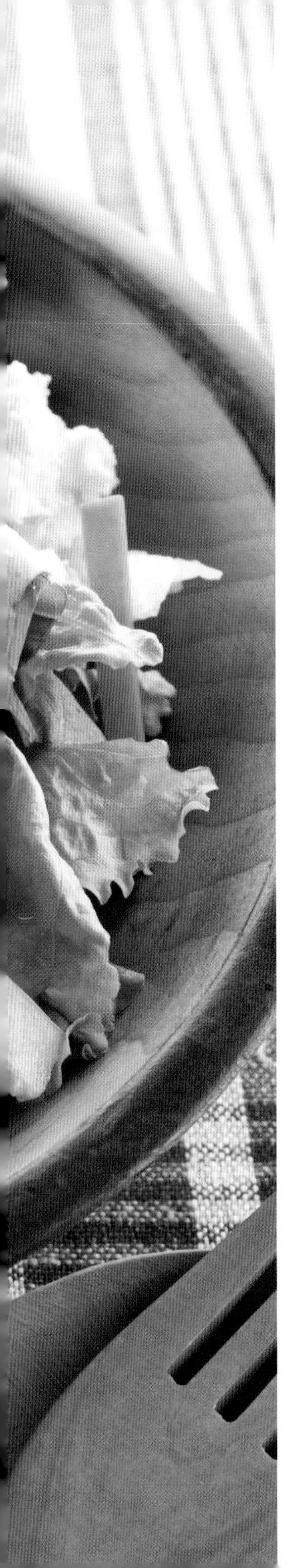

坚果凯撒沙拉

经典的凯撒调味汁，
混合切碎的杏仁片，变身成味道惊艳的酱汁。
淋在蔬菜上，略微搅拌，美味唾手可得。

材料（2人份）

凯撒　p9 牛油果酸奶　p4 意式　p4 法式

芦笋……4根
小松菜……50g
胡萝卜……20g
圣女果……4颗
甜椒（黄）……1/8个
皱叶生菜……3片
A | 凯撒调味汁（p7）……2大匙
A | 牛奶……1小匙
A | 杏仁片……2大匙
松软干酪……50g

做法

1 去除芦笋较硬的根部，用削皮刀去除叶鞘，焯热水，切3cm长的段。小松菜切3m长的段，胡萝卜切细长段，圣女果对半切开，甜椒切丝。生菜撕成适口大小。

2 A的杏仁片煎至焦黄，捣碎后和A的其他材料混合均匀。

3 蔬菜粗略搅拌后装盘，撒上松软干酪，淋上2。

海鲜鲑鱼子沙拉

奢华的海鲜沙拉。美味的秘诀就是选用新鲜的食材。
搭配清爽的柠檬调味汁，口味清新，仿佛置身于海边。

柠檬调味汁　p4 法式　p9 番茄　p4 意式　p5 萨尔萨

材料（2人份）

墨鱼身……100g
烟熏三文鱼……40g
水菜……50g
甜椒（黄）……1/6个
紫洋葱……30g
皱叶生菜……2片
鲑鱼子……30g

A 柠檬调味汁
色拉油……1½大匙
柠檬汁……1/2大匙
砂糖……1/5小匙
盐……1/6小匙
柠檬皮碎……少量
黑胡椒……少量

做法

1 墨鱼身去皮，焯一会儿，切成墨鱼圈。烟熏三文鱼切成适口大小，水菜切3cm长的段，甜椒和紫洋葱切丝，紫洋葱放入水中浸泡，沥干水分。

2 生菜撕成适口大小后铺在盘上，1装盘。撒上鲑鱼子，淋上混合均匀的A。

油浸凤尾鱼沙拉

制作这款沙拉最重要的食材是用橄榄油和凤尾鱼做成的油浸凤尾鱼。
蔬菜简单地用油浸一下，尽享美味。

材料（2 人份）

西葫芦（黄）……1 小根
四季豆……100g
黑橄榄（去核）……20g
蒜……1/4 瓣
凤尾鱼……1 片
槟榔……5 颗
橄榄油……1 大匙
盐、黑胡椒……各少量

做法

1 西葫芦切圆片，四季豆去蒂，分别焯熟。煮好的四季豆斜着对半切开。

2 黑橄榄、蒜、凤尾鱼、槟榔切碎，和橄榄油、盐、黑胡椒混合均匀。

3 1和2中的材料一起放入碗中粗略搅拌，分别放入少量盐、黑胡椒调味。

葡萄酒拔丝地瓜

拔丝地瓜一直是一道经典的菜品，稍加变化就会变得很有个性。
这里淋上葡萄醋，凸显酸味。很棒的下酒菜哦！

材料（2人份）

红薯……中号1个
煎炸油……适量
A
- 蜂蜜……20g
- 砂糖……3大匙
- 水……1/4杯

葡萄醋……1小匙
黑芝麻……1/4小匙

做法

1. 红薯带皮切滚刀块，放入水中浸泡，沥干水分。将红薯块放入加热到150℃的油中，炸4～5分钟，转大火，炸至焦黄酥脆。
2. 锅内放入A加热，煮至黏稠，倒入葡萄醋搅拌，关火，放入红薯搅拌均匀，撒上黑芝麻。

Part-2

便捷储备沙拉

工作一天回家后，多希望有这样一道菜等着自己，
能量满满，能帮助快速恢复活力……
为了身体健康，想要多吃蔬菜，
但一想到要动手做，没心情也没力气……
这时就要隆重推出“储备沙拉”。
这些沙拉存放时间越长，味道越稳定越美味。
同时放送可以当作主菜的有分量的沙拉。
空闲的时候多准备一些，
就可以随时方便快捷地享用到美味的沙拉。

冷藏保存
约3天

意式烧茄子

蔬菜用番茄和醋汁炖熟，这是一份意大利传统菜品。
夏季冷藏后食用味道更好。也可以浇在意大利面上食用！

材料（2～3餐）

茄子……5根
甜椒（黄）……1个
洋葱……1/4个
蒜……1/2瓣
葡萄干……2大匙
橄榄油……2大匙

A
- 番茄罐头……300g
- 月桂叶……1片
- 罗勒（新鲜）……1根
- 盐……1/2小匙
- 黑胡椒……少量

砂糖……2小匙
白葡萄醋……2小匙

做法

1. 茄子去蒂切块，甜椒切块，洋葱、蒜切末。葡萄干用热水泡发，沥干水分。
2. 锅加热，放入橄榄油和蒜，炒出香味后放入洋葱继续炒。洋葱炒软后放入茄子和甜椒继续炒，再放入番茄罐头炒匀。
3. 将1的葡萄干和A放入2内，搅匀后盖上锅盖，煮至沸腾后转小火，再煮约15分钟。打开盖子，大火将汤汁煮干后放入砂糖和白葡萄醋，边搅匀边煮至沸腾。关火，静置30分钟以上使其入味。

墨鱼西芹沙拉

新鲜水灵的黄瓜、西芹和爽口弹滑的墨鱼加蒜腌渍。
关键是撒上青辣椒，添加辛辣的味道。

材料（2～3餐）

墨鱼……大号1只
盐、黑胡椒……各少量
柠檬汁……1½小匙
西芹……1根
黄瓜……1根

A
- 橄榄油……2大匙
- 蒜……1/4瓣
- 青辣椒……1根
- 黑橄榄（去核）……2颗
- 莳萝（新鲜）……适量
- 盐……1/2小匙
- 黑胡椒……少量

做法

1 墨鱼去皮和内脏，焯一会儿后过凉水。墨鱼身切成墨鱼圈，墨鱼足切成适口大小，撒上盐、黑胡椒，淋上柠檬汁。

2 西芹去叶去筋后切块，黄瓜去蒂后纵向对半切开，再切2cm长的小块。

3 蒜切末，青辣椒和黑橄榄切段，莳萝摘下叶子，和A的其他材料混合。

4 3和1、2混合后静置30分钟以上，使其入味。

煎胡萝卜玉米葡萄醋沙拉

用以黑葡萄醋为基础的腌汁，做出一道清爽的沙拉。
虽然味道普通，但易于制作，也可以搭配主菜。

冷藏保存
约3天

材料（2餐）

胡萝卜……1根
橄榄油……1小匙
玉米粒*（罐头）……200g

A
- 橄榄油……2小匙
- 柠檬汁……2小匙
- 葡萄醋……1½小匙
- 酱油……1小匙略少
- 盐、黑胡椒……各少量

*新鲜玉米用菜刀将玉米粒刮下，冷冻玉米粒解冻后亦可使用。

做法

1 胡萝卜去皮后切片。平底锅内倒入橄榄油加热，放入胡萝卜煎至两面焦黄，放入玉米粒炒匀。

2 混合均匀的A和1搅拌后静置，使其入味。

冷藏保存
约3天

煎猪肉蜂蜜芥末沙拉

白葡萄醋和颗粒芥末酱的酸味，激发了肉和蔬菜的味道。
使用脂肪含量较少的猪肉，这样冷却后食用味道也很好。

材料（2餐）

猪里脊肉……300g
盐……1/3 小匙
黑胡椒……少量
南瓜……200g
紫洋葱……1/2 个
橄榄油……3 小匙
面粉……适量

A
蜂蜜……2 小匙
柠檬汁……2 大匙
颗粒芥末酱……1 大匙
白葡萄醋……1 大匙
橄榄油……3 小匙
盐……1/4 小匙
黑胡椒……少量

做法

1 猪肉切1cm厚的片，撒上盐、黑胡椒。南瓜用保鲜膜包裹，放入微波炉（600W）加热1分30秒，冷却后切片，紫洋葱切丝。

2 平底锅加热，倒入1小匙橄榄油，将南瓜两面煎好后取出。1的猪肉裹上面粉，平底锅内倒入2小匙橄榄油加热，放入猪肉后转中小火，每面煎约3分钟。

3 将混合均匀的A、1的洋葱和2粗略搅拌，静置使其入味。

冷藏保存
约3天

蛤蜊蟹味菇沙拉

蛤蜊浓郁的味道缓缓渗入蔬菜中，就做成一份美味的日式沙拉。
关键是掌握好火候，保存蔬菜的口感。

材料（2～3餐）
蛤蜊……200g
小松菜……150g
蟹味菇……1/2 袋
小芜菁……2 个
酒……1 大匙
香油……2 小匙
酱油……2 大匙

做法

1 蛤蜊壳清洗干净，放入浓度3%的盐水中让蛤蜊吐净泥沙。小松菜切4cm长的段，蟹味菇撕成小朵，小芜菁切块。

2 将1全部放入平底锅内，倒入酒后盖上锅盖，中火加热。蛤蜊开壳后，倒入香油、酱油搅拌均匀，关火后静置使其入味。

冷藏保存
约3天

醋渍鳕鱼沙拉

炸鱼用醋腌渍后，做成醋渍鱼。
油炸后立刻放入调味汁腌渍。
一定不要忘记放百里香和月桂叶去腥。

材料（4餐）

鳕鱼*（处理过）……8片
盐、黑胡椒……各少量
面粉……适量
煎炸油……适量
洋葱……1/2个
甜椒（红）……1/4个
西芹……1/4根
青椒……1个
橄榄油（a）……2小匙
蒜片……2片

A
- 水、白葡萄酒……各1/4杯
- 白葡萄醋……1/2杯
- 砂糖……2大匙
- 盐……1小匙
- 黑胡椒……少量

红辣椒……1根
百里香……少量
月桂叶……1片
橄榄油（b）……1½大匙
*鳕鱼又称沙钻。

做法

1 小锅内倒入A煮沸，搅拌至砂糖溶解，放入对半切开的红辣椒、百里香、月桂叶、橄榄油（b）搅拌均匀。倒入容器中，冷却备用。

2 鳕鱼撒上盐、黑胡椒，裹上薄薄一层面粉，拍掉多余的面粉，放入加热到180℃的油中，炸至酥脆，放入1的容器中。

3 洋葱、甜椒、去叶去筋的西芹切丝，青椒切片。平底锅内倒入橄榄油（a）加热，放入蒜片，炒出香味后放入蔬菜炒匀。

4 将3中的材料放入1的容器中，粗略搅拌后静置30分钟以上，使其入味。

炸苦瓜甜椒沙拉

p5
特色

p4
无油
青紫苏

油炸的夏季蔬菜味道更浓郁，口感也会更柔和。
推荐给不太喜欢苦味的人。炸制时间不要过久，要保留硬脆口感。

材料（2餐）

苦瓜……1/2 根
茄子……1 根
甜椒（红）……1/2 个
煎炸油……适量

香料腌汁

A
- 月桂叶……1 片
- 红辣椒（切段）……1/2 根
- 丁香……2 粒
- 黑胡椒粒……8 粒
- 醋……1/2 杯
- 砂糖……2 大匙
- 水……1/2 杯
- 盐……1/2 小匙

做法

1 小锅内倒入A煮沸，搅拌至砂糖溶解。

2 苦瓜切4cm长的段，用汤匙去籽和瓤，再切成8mm宽的圆圈。茄子、甜椒切块。

3 将2中的材料放入加热到170℃的油中炸熟，趁热浇上1，静置30分钟以上，使其入味。

多彩番茄沙拉

让番茄容易入味，
关键是用牙签在番茄上戳几下，再放入调味汁腌渍。
用不同颜色的番茄制作这款色彩艳丽的沙拉吧！

材料（4餐）

圣女果（不同颜色的几种）……200g

A
- 蜂蜜……1大匙
- 生姜汁……1/2大匙
- 醋……1½大匙
- 盐……少量

做法

1 番茄去蒂，用牙签戳几下（图a）。

2 番茄放入混合均匀的A中，粗略搅拌后，静置30分钟以上，使其入味。

冷藏保存
约3天

多彩根菜沙拉

边加热边让调味汁慢慢蒸发，
入味的根菜，味道更好！
关键在于做出清爽的口感。

放入冰箱
可冷藏保存
约4天

材料（2餐）

牛蒡……1/2根
甜椒（黄）……1/2根
山药……100g
胡萝卜……1/2根
萝卜……100g

A
橄榄油……1/2杯
凤尾鱼……2片
盐……1/2小匙
黑胡椒……少量

月桂叶……1片
红辣椒……1/2根

做法

1 牛蒡切5cm长的段，纵向对半切开后放入水中浸泡。甜椒切块，山药削去清洗后切半圆形小块，胡萝卜和萝卜去皮后切4cm长的段，纵向切成4～6等份。

2 将A中的凤尾鱼切大块，和A中的其他材料一起放入锅内加热，放入1的蔬菜、月桂叶、红辣椒，盖上锅盖，小火加热约20分钟，静置30分钟以上冷却，使其入味。

Part-3

清新水果沙拉

在多种多样的沙拉中，
水果沙拉越来越受追捧。
水果可爱诱人，
搭配蔬菜、海鲜、肉、调味汁，
能充分激发水果新鲜、清新的味道。
适合搭配白葡萄酒或气泡酒。

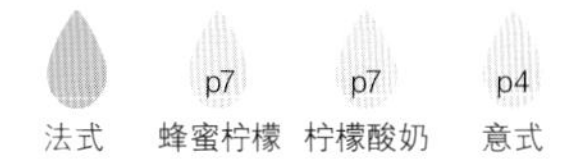

草莓马苏里拉奶酪

酸甜多汁的草莓，
搭配清淡的马苏里拉奶酪。
选用一口大小的马苏里拉奶酪，
更加方便制作和食用。

材料（4 人份）

草莓……200g
生菜……2 片
罗勒（新鲜）……1 根
马苏里拉奶酪（适口大小）……80g
法式调味汁（p4）……2 大匙

做法

1 草莓去蒂，生菜叶和罗勒撕成适口大小。

2 将1中的材料和马苏里拉奶酪一起放入碗中，淋上调味汁，粗略拌匀。

墨鱼李子特色沙拉

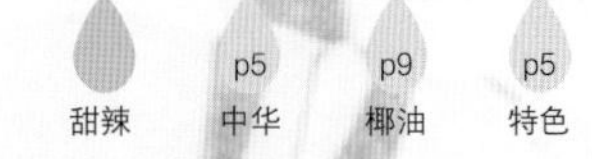

爽口弹滑的新鲜墨鱼圈和加热到恰到好处的李子，
再搭配香气浓郁的西芹，最后浇上味道浓烈的甜辣调味汁。

材料（2～3人份）

墨鱼身……1小只
李子……1个
西芹……1根
萝卜……100g
香菜……1棵
甜辣调味汁（p5）……3大匙

做法

1 墨鱼去皮，焯一会儿后过凉水，沥干水分，切成墨鱼圈。李子纵向对半切开，去核，切瓣。西芹去叶去筋，斜着切薄片，萝卜切丝，香菜摘下叶子备用。

2 将1中的材料装盘，淋上甜辣调味汁。

脆柿莲藕茼蒿沙拉

使用大量营养丰富、有嚼劲的食材。
藜麦、脆柿、香菇，还有香气浓郁的茼蒿，组合成秋冬款的水果沙拉。

无油盐渍柚子

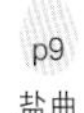
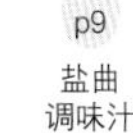
p4 无油

p9 盐曲调味汁

材料（2人份）

脆柿……1个
莲藕……60g
茼蒿……40g
香菇……2朵
生菜……1片
核桃……4个
藜麦……3大匙
无油盐渍柚子调味汁（p8）……2大匙

做法

1 脆柿去皮去籽，切块。莲藕去皮，切片，焯水后捞出。茼蒿摘下叶子备用。香菇切掉根部，烤熟后对半切开。生菜撕成适口大小，核桃煎好后切碎。

2 藜麦清洗后放入锅内，倒入没过食材的水，盖上锅盖加热，沸腾后转小火煮约15分钟，静置冷却，用笊篱捞出，沥干水分。

3 将除核桃之外的1和2中的材料装盘，淋上无油盐渍柚子调味汁，最后撒上切碎的核桃。

葡萄圆白菜沙拉

法式

和平常简单的凉拌圆白菜不同，本款沙拉放入了大量的巨峰葡萄和麝香葡萄。
好吃的关键是法式调味汁内少放糖。

材料（2人份）

圆白菜……3片
紫甘蓝……1/2片
盐……1/5小匙
巨峰葡萄……8颗
麝香葡萄……8颗

A
- 法式调味汁（p4）……3大匙
- 砂糖……1/2小匙

做法

1 圆白菜和紫甘蓝切细丝，放入碗内撒上盐搅拌均匀，静置一会儿，待其变软后轻轻拧干水分。葡萄剥皮后对半切开，巨峰葡萄去籽。

2 混合均匀的A和1中的蔬菜一起放入碗中，搅拌均匀，再放入葡萄粗略拌匀。

鲜虾杧果土豆特色沙拉

淡奶油和鱼露混合成奶香十足的特色调味汁，
与杧果、土豆、鲜虾搭配，真是上好的佳肴。

材料（2～3人份）

杧果……1/2个
土豆……2个
鲜虾……8只
盐、黑胡椒……各少量
土豆淀粉……适量
煎炸油……适量
A 蛋黄酱……2大匙
A 淡奶油……1大匙
A 鱼露……1小匙
皱叶生菜……2片
薄荷……少量

做法

1 杧果去皮后切瓣。土豆带皮用保鲜膜包裹，放入微波炉（600W）加热3分30秒，去皮后切瓣。
2 鲜虾剥壳后去除虾线，撒上盐、黑胡椒，裹上土豆淀粉，放入加热到180℃的油中炸至酥脆。
3 将1、2中的材料装盘，浇上混合均匀的A，放上撕成块的生菜，撒上薄荷碎。

西柚芜菁贝柱沙拉

口感爽脆、味道略苦的新鲜芜菁，
搭配微苦的西柚，味道非常惊艳！

法式 p5 萨尔萨 p5 特色 p6 芝麻酱

材料（2人份）

西柚（红）……1/4个
小芜菁……2个
贝柱（刺身用）……4个
盐、黑胡椒……各少量
混合菜叶……20g
A 法式调味汁（p4）……2大匙
芥末酱……1/6小匙

做法

1 西柚去籽，对半切开，芜菁切小瓣。贝柱对半切开，撒上盐、黑胡椒。

2 混合菜叶铺在盘底，放上1中的材料，淋上混合均匀的A。

桃子火腿生菜沙拉

法式 p7柠檬酸奶 p7蜂蜜柠檬 p8蛋黄酱

用水果中十分受欢迎的桃子，
中和生火腿的盐味和番茄柔和的酸味，这样的搭配令人耳目一新！

材料（2人份）

桃子……1个
番茄……1个
皱叶生菜……3片
玫瑰露葡萄……40g
生火腿……20g
法式调味汁（p4）……2大匙

做法

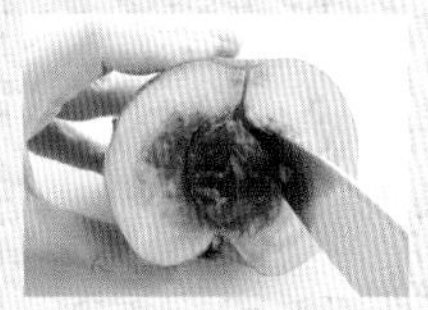

1 桃子纵向对半切开，去皮去核后切瓣，番茄切小块，玫瑰露葡萄去籽，生菜撕成适口大小。

2 将1中的生菜铺在盘底，其他材料和生火腿装盘，淋上法式调味汁。

烟熏三文鱼香梨菠菜沙拉

芝麻酱

p5
韩式

p6
棒棒鸡

p5
甜辣

香甜的梨汁淋在烟熏三文鱼上，
再搭配芝麻酱调味汁，一款全新的组合。

材料（2人份）

香梨……1/2个
菠菜……80g
烟熏三文鱼……80g
芝麻酱调味汁（p6）……3大匙

做法

1 香梨去皮，去核后切薄片，菠菜切3cm长的段，烟熏三文鱼切成适口大小。

2 将1中的材料装盘，淋上芝麻酱调味汁。

无花果鸭肉沙拉

意式

p7
凯撒

p4
法式

p9
番茄

微涩的无花果搭配鸭肉，加上香气浓郁的芝麻菜，这是一份口感十分厚重的沙拉。

材料（2人份）

无花果……2个
烤鸭肉（市售）……80g
芝麻菜……20g
甜椒（红、黄）……各1/6个
生菜……3片
意式调味汁（p4）……3大匙

做法

1 无花果切小瓣，鸭肉切薄片，芝麻菜切3cm长的段，甜椒切丝，生菜撕成适口大小。

2 将1中的材料装盘，淋上意式调味汁。

缤纷水果沙拉

白葡萄酒冻　p7 柠檬酸奶　p7 蜂蜜柠檬

加入了大量爽滑的白葡萄酒冻，
一款可以当成甜点的沙拉。

材料（2人份）

哈密瓜……1/6个
无花果……1个
西柚（红）……1/4个
蓝莓……20颗
白葡萄酒冻
A
白葡萄酒……1/2杯
水……1/2杯
砂糖……2大匙
吉利丁片……10g

做法

1 小锅内倒入A中的白葡萄酒，煮沸后倒入水、砂糖搅拌均匀。快沸腾时关火，放入吉利丁片搅拌均匀后冷却，凝固成酒冻。

2 哈密瓜果肉切成适口大小，无花果切小瓣，西柚果肉切成适口大小。

3 将2和蓝莓装盘，放上捣碎的1中的酒冻。

哈密瓜橙子西芹沙拉

柠檬　柠檬酸奶　法式

水果切薄片，淋上清爽的柠檬调味汁。
水果切片厚度不同，沙拉口感也不同，可以切成自己喜欢的厚度！

材料（2人份）

哈密瓜……1/4个
橙子……1个
西芹……1根
柠檬片……1片
柠檬调味汁（p50）……2大匙

做法

1 哈密瓜果肉切薄片，橙子剥皮去络，切薄片。西芹去叶去筋，斜着切薄片，柠檬切三角形薄片。

2 哈密瓜片、橙片、西芹片装盘，放上柠檬，淋上柠檬调味汁。

Part-4

豪华待客沙拉

聚会时最受欢迎的沙拉，
要么分量十足，
要么味道浓烈，
要么外表华丽。
这里将一一介绍，
豪华而又适合待客的沙拉。

牛肉沙拉

牛肉的肉汁与意式调味汁完美混合而成的特制酱汁，
特别适合这道沙拉。
一定要按照菜谱煎牛肉，五分熟刚刚好！

意式

材料（2人份）

牛腿肉（煎肉用）……1片（150g）
盐……1/6小匙
粗粒黑胡椒……少量
蒜……1/2瓣
甜椒（红）……1/8个
橄榄油……1½小匙
南瓜……80g
紫洋葱……30g
水芹……30g
生菜……2片
芥末菜……20g（可用3片生菜代替）

A
- 意式调味汁（p4）……2大匙
- 洋葱……20g
- 橄榄油……1小匙
- 酱油……1小匙

做法

1 牛肉撒上盐、黑胡椒，蒜对半切开。平底锅内倒入1小匙橄榄油，放入蒜，中火炒香后取出蒜，放入牛肉，双面煎至五分熟，浇上热油，静置冷却。

2 甜椒切块，热好的平底锅内倒入1/2小匙橄榄油，放入甜椒炒熟。南瓜用保鲜膜包裹，放入微波炉（600W）加热1分30秒，切薄片。紫洋葱切丝，水芹去茎切成适口大小，生菜撕成适口大小，芥末菜摘下叶子。

3 将A中的洋葱切丝。平底锅内倒入1小匙橄榄油加热，放入洋葱，炒至焦黄，放入意式调味汁、酱油搅拌均匀。

4 蔬菜铺在盘底，将1中的牛肉切小块，放在蔬菜上，淋上3中的材料。

生鲷鱼片沙拉

经典的法式调味汁加入少量芥末做成的酱汁，
与鲷鱼很搭。再放入红胡椒，色香味俱全！

法式

日式酱油

梅醋

萨尔萨

材料（2人份）

鲷鱼（刺身用）……150g
萝卜……100g
水菜……50g
皱叶生菜……2片
A | 法式调味汁（p4）……2大匙
  | 芥末……1/4小匙
红胡椒……适量

做法

1 鲷鱼切薄片，萝卜切丝，水菜切3cm长的段，生菜撕成适口大小。

2 蔬菜铺在盘底，生鱼片装盘，淋上混合均匀的A，撒上红胡椒。

烤三文鱼牛油果沙拉

三文鱼提前腌渍，
再搭配浓郁的牛油果，味道十分惊艳。

西式酒冻　凯撒

p4
法式

p9
番茄

p4
意式

p7
塔塔酱

p9
牛油果酸奶

材料（2人份）

三文鱼（刺身用）……150g

A
- 盐……1/2小匙
- 砂糖……1/4小匙
- 黑胡椒……少量

橄榄油……1小匙
洋葱……1/2个
牛油果……1/2个
樱桃萝卜……3个
生菜……2片
芝麻菜……30g
西式酒冻（p8）……4大匙
凯撒调味汁（p7）……3大匙

提前准备

三文鱼放入A中腌渍，静置约2小时，洗净后擦干水分。

做法

1. 平底锅内倒入橄榄油，加热，三文鱼表层煎熟后放入冰水中，冷却后取出擦干水分。
2. 洋葱切薄片，放入冷水中静置，沥干水分。牛油果削皮后切2～3mm厚的薄片，樱桃萝卜切薄圆片，生菜、芝麻菜撕成适口大小。
3. 将1中的三文鱼切约5mm厚的片，和2中的材料一起装盘，撒上西式酒冻，淋上凯撒调味汁。

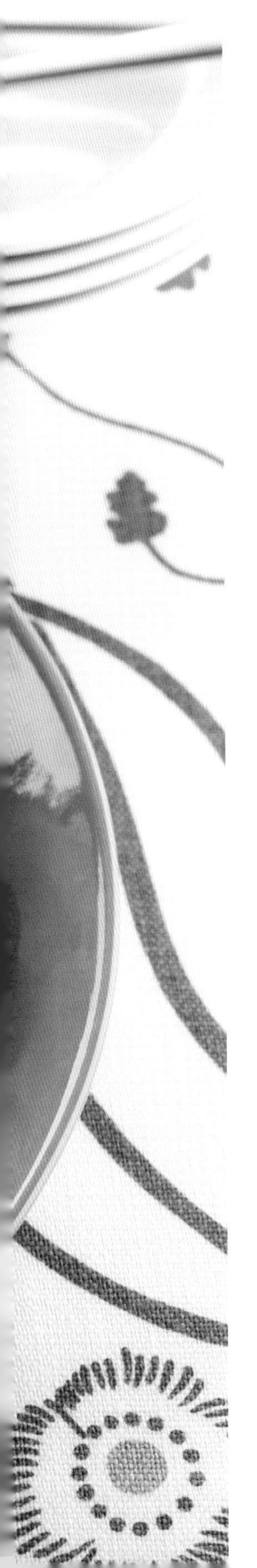

红酒煮猪肉无花果沙拉

用红葡萄酒和香料调味的无花果干，与猪肉很搭。
让肉质变得柔和的秘诀，是关火，盖上锅盖，边焖边放凉！

意式　p4 法式　p9 番茄　p7 凯撒

材料（2人份）

无花果干……2个（40g）

A
- 红葡萄酒……50mL
- 水……100mL
- 砂糖……2大匙
- 肉桂片……1/4片
- 丁香……2个
- 柠檬切片……1片

猪里脊肉（块）……200g
盐……1/4小匙
黑胡椒……少量
蒜……1/2瓣
橄榄油……2小匙
迷迭香……1根
西葫芦……1/2个
水芹……20g
生菜……2片
意式调味汁（p4）……2大匙
迷迭香（装饰用）……适量

做法

1 无花果干放入热水中泡发，锅内倒入A煮沸，放入无花果煮沸，关火冷却后静置1晚。切成适口大小。

2 猪肉撒上盐、黑胡椒入味，蒜对半切开。平底锅内倒入1小匙橄榄油，放入蒜，中火炒出香味后放入猪肉，表面煎至焦黄，放入迷迭香，盖上锅盖转小火煎5分钟，翻面后继续煎约5分钟，静置放凉后切薄片。

3 西葫芦切圆片，平底锅内放入1小匙橄榄油，西葫芦煎至两面金黄。水芹、生菜撕成适口大小。

4 水芹和生菜铺在盘底，放上1中的无花果、2中的猪肉、3中的西葫芦，淋上意式调味汁，撒上迷迭香装饰。

蒸白菜卷

棒棒鸡 p6

将鸡肉馅用白菜夹住。
虽然看起来与普通沙拉相差无几，但口感更清爽。

材料（2人份）
洋葱……30g
鸡肉馅……200g
盐、黑胡椒……各适量
酒……2小匙
白菜……4片
土豆淀粉……少量
芝麻酱调味汁（p6）……3大匙

做法

1 洋葱切末。碗内放入鸡肉馅、盐、黑胡椒、酒，搅拌至黏稠后放入洋葱末拌匀，分成3等份。

2 白菜对半切开，撒上盐、黑胡椒，白菜叶与白菜帮重叠，分成4组。表面撒上土豆淀粉，每两组之间铺一层1中的材料。

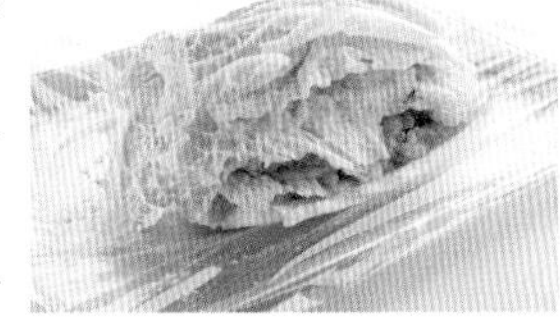

3 用保鲜膜包裹2中叠放好的材料，放入微波炉（600W）加热3分钟，翻面后继续加热2分钟，静置一会儿，切4等份，淋上芝麻酱调味汁。

手工香肠圆白菜沙拉

法式

用汉堡肉做出的秘制香肠，味道绝妙。
以法式调味汁为基础的芥末蛋黄酱，非常适合这道沙拉。

材料（2人份）

肉馅……200g

A
- 盐……1/5 小匙
- 蒜末……少量
- 胡椒、肉豆蔻……各少量

洋葱……30g
欧芹末……1 大匙
圆白菜……2 片
紫甘蓝……2 片
菜花……40g
法式调味汁（p4）……2 大匙
黑橄榄、绿橄榄……各 3 颗

B
- 颗粒芥末酱……1 大匙
- 蛋黄酱……2 小匙

做法

1. 碗内放入肉馅和A，搅拌至黏稠，洋葱切末，和欧芹一起放入碗内搅拌均匀，分成4等份揉搓成棒状。锡纸内侧薄薄涂上一层油，将肉紧紧包裹，两端捏紧。
2. 将1放入平底锅，盖上锅盖用中火加热。约5分钟后翻面，继续煎约5分钟。
3. 圆白菜去掉内芯，对半切开后用保鲜膜包裹。紫甘蓝用保鲜膜包裹，分别放入微波炉（600W）加热30秒后切块。菜花撕成小朵后，焯一会儿。
4. 将3和法式调味汁拌匀后装盘，放上切成适口大小的2、切圆片的黑橄榄和绿橄榄，倒上混合均匀的B。

金枪鱼山药日式沙拉

日式酱油　　p6 芝麻酱　　p5 中华

金枪鱼搭配山药做成的美味沙拉，
就要搭配加入少量芥末的日式酱油调味汁！

材料（2人份）

金枪鱼（刺身用）……150g
山药……150g
圣女果……6个
鸭儿芹……5g
生菜……2片
紫苏叶……4片

A | 日式酱油调味汁（p4）……2大匙
芥末……1/5小匙

做法

1 金枪鱼切小块，焯至肉色变白后倒入冰水中，冷却后取出擦干水分。

2 山药削皮后切小块，圣女果对半切开，鸭儿芹切3cm长的段。生菜和紫苏叶撕成适口大小。

3 将1中的金枪鱼和2装盘，淋上混合均匀的A。

煎海鲜沙拉

番茄

想要成为餐桌上的焦点？那就做煎海鲜沙拉吧！
蔬菜煎去水分，味道会更好。

材料（2人份）

新鲜鳕鱼……1片（100g）
盐、黑胡椒……各少量
虾……6只
章鱼……100g
土豆……1个
西蓝花……60g
甜椒（黄）……1/2个
蒜……1/4瓣
番茄干……1片
橄榄油……3小匙

A
- 番茄调味汁（p9）……2大匙
- 欧芹末……2小匙
- 盐……1/4小匙
- 黑胡椒……少量

做法

1 鳕鱼切成适口大小，撒上盐、黑胡椒，虾剥壳后去除虾线，章鱼切块。

2 土豆带皮用保鲜膜包裹，放入微波炉（600W）加热3分钟后，切块。西蓝花撕成小朵，焯一会儿。甜椒切块，蒜和番茄干切末。

3 平底锅加热，倒入1小匙橄榄油，鳕鱼两面煎熟，虾煎好后取出。平底锅洗净，加热后，放入2小匙橄榄油，放入土豆和甜椒炒熟。

4 将章鱼、西蓝花、蒜、番茄干放入3的锅内，粗略炒匀后取出，放入A搅拌均匀。

Part-5

多国风味沙拉

世界各地的沙拉琳琅满目，风格各异。
中国、韩国、印度、东南亚各国……
多种风味应有尽有！
将普通的食材制作成带有异国风情的沙拉，
在聚会时很出彩，一定会特别受欢迎！
一家人聚在一起吃饭时，请一定要试着做一下哦！

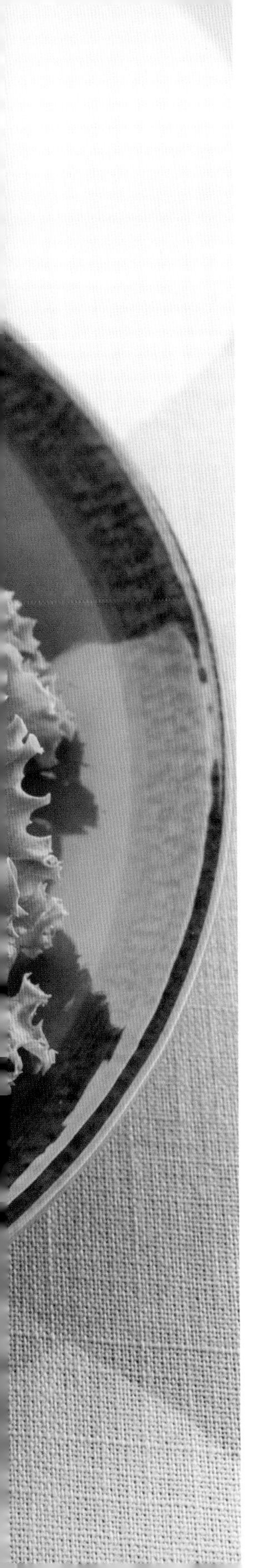

花生酱沙拉

印度尼西亚花生酱早已盛名在外。
如此香甜的花生酱淋在沙拉上，
用普通的调料也可以做出经典的味道。

材料（2～3人份）

鸡胸肉……1/2片
盐……1/6小匙
黑胡椒……少量
酒……1小匙
炸豆腐……1/2块（150g）
绿豆芽……100g
煮鸡蛋（全熟）……1个
黄瓜……1/2根
甜椒（红）……1/8根
皱叶生菜……2片
花生酱调味汁（p8）……全量

做法

1 鸡胸肉撒上盐、黑胡椒入味，放在耐热容器上倒入酒，用保鲜膜包裹，放入微波炉（600W）加热2分30秒，静置冷却。

2 炸豆腐和豆芽分别焯过，炸豆腐对半切成三角形。煮鸡蛋切4瓣，黄瓜纵向对半切开后再切成2cm长的段，甜椒切丝，生菜撕成适口大小。1中的鸡胸肉切成约2cm见方的小块。

3 生菜铺在盘底，放上2中的材料，淋上花生酱调味汁。

黄瓜墨鱼沙拉

黑胡椒混合香油做出的腌汁香气浓郁，瞬间激发食欲。
美味的秘诀，就是在墨鱼卷上划几刀，使其充分入味！

材料（2人份）

黄瓜……1根
墨鱼……200g

A
- 葱（切末）……1/2根
- 生姜（切末）……1/2块（约蒜瓣大小）
- 香油……2小匙
- 盐……1/2小匙
- 黑胡椒……少量

做法

1 黄瓜纵向对半切开，表面斜着划上几刀，斜着切成约7mm宽的段，撒上少量盐（分量外）静置。

2 墨鱼展开，切成7cm宽的条，从1cm处切直刀（a），然后翻面在2cm处切斜刀（b），注意均不能切断，依此切完整段墨鱼后焯熟。

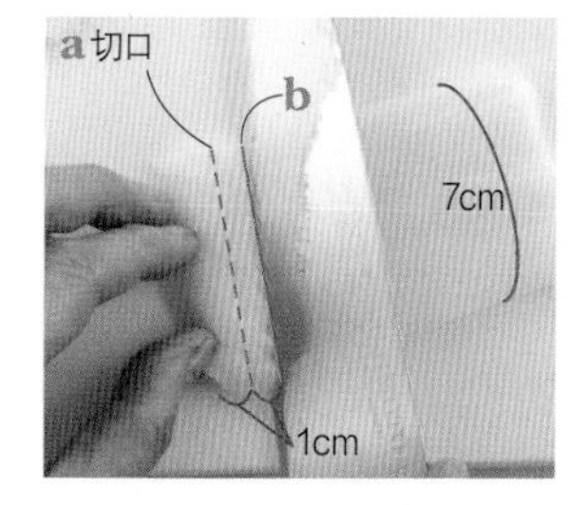

3 A混合均匀，与黄瓜、墨鱼一起拌匀。

葱拌叉烧肉沙拉

中华 p5特色 p6芝麻酱 p5甜辣

为了让叉烧肉更辣，淋上大量中华调味汁。
搭配上葱与番茄，用生菜裹起，一口吃掉吧。

材料（2人份）

煎猪肉……100g
大葱……1根
生菜……4片
番茄……1个
A 中华调味汁（p5）……2大匙
豆瓣酱……1/4小匙

做法

1 葱斜着切薄片，放入水中浸泡，沥干水分。猪肉切薄片，番茄切瓣。

2 将1和生菜装盘，淋上混合均匀的A。

鸡肉香菜腰果沙拉

按照配方蒸得松软的鸡肉，
搭配香气四溢、味道浓郁的腰果和香菜。

材料（2人份）

鸡胸肉……1/2片
盐、黑胡椒……各少量
酒……1小匙
香菜……40g
小葱……5根
生菜……2片
腰果（无盐）……30g
煎炸油……适量
中华调味汁（p5）……2大匙

做法

1 鸡胸肉撒上盐、黑胡椒，淋上酒，放入耐热容器，裹上保鲜膜，放入微波炉（600W）加热2分多钟，冷却后撕成大块。

2 腰果洗净，擦干水分。小平底锅内倒入油，加热到约150℃，放入腰果，煎至焦黄，沥干油分。

3 香菜、小葱切3cm长的段，生菜撕成适口大小，和1中的鸡肉一起装盘，撒上腰果，淋上中华调味汁。

豆芽海蜇中华沙拉

中华甜醋

请尽情享用充分吸收了酸甜可口的中华调味汁的蔬菜丝吧。蔬菜切成豆芽般粗细，口感相同，味道更好。

材料（2人份）

绿豆芽…… 150g
海蜇（盐渍）……50g
黑木耳…… 3朵
黄瓜…… 1根
胡萝卜 ……30g
中华甜醋调味汁（p7）……3大匙

做法

1 按照说明用水泡发海蜇，将水分完全捏干。黑木耳切掉根部，焯一会儿切丝。绿豆芽焯过放入冷水中，取出拧干水分。黄瓜和胡萝卜切丝，撒上少量盐，静置约5分钟，捏干水分。

2 中华甜醋调味汁与1中的材料拌匀，装盘。

粉丝沙拉

淋上大量以鱼露为基础的特色调味汁，
让这款沙拉甜辣浓香，非常适合盛夏食用。

材料（2人份）

粉丝（干）……40g
海米…… 5g
色拉油…… 1小匙
猪肉馅…… 100g
鲜虾……6只
西芹 ……1/4根
黄瓜…… 1/2根
紫洋葱……30g
甜椒（黄）……1/8个

A
- 色拉油、香油……各1/2大匙
- 柠檬汁…… 3大匙
- 砂糖 ……1½大匙
- 鱼露 ……1大匙
- 蒜（切末）……1/2瓣
- 红辣椒（切段）……1/2根
- 盐、黑胡椒……各适量

香菜……1根
洋葱碎……2小匙

做法

1 粉丝放入热水中泡发，切成方便食用的长度。海米放入温水中泡发。

2 平底锅内倒入色拉油加热，放入猪肉馅炒至松软，放入1的海米继续炒。

3 鲜虾去除虾线，焯一会儿后剥壳。西芹去叶去筋，斜着切薄片。黄瓜纵向对半切开，斜着切薄片。紫洋葱、甜椒切丝。

4 混合均匀的A和1中的粉丝、2、3搅拌均匀，装盘，撒上切碎的香菜和洋葱碎。

蔬菜沙拉

凸显芝麻风味的红叶生菜与裙带菜搭配做成这款韩式沙拉。
松子直接决定沙拉的味道，所以一定要放松子哦！

材料（2人份）

红叶生菜……2片
生菜……1片
胡萝卜……20g
小葱……3根
裙带菜（泡发）……40g
樱桃萝卜……2个
松子……2大匙

A
香油……1½大匙
芝麻酱……1大匙
酱油……2小匙
蒜（切末）……1/2瓣
辣椒粉……1/4小匙
盐、黑胡椒……各少量

做法

1 红叶生菜、生菜撕成适口大小。胡萝卜切丝，小葱切3cm长的段。裙带菜焯过，放入冷水中，取出沥干水，切成适口大小。樱桃萝卜切片。将松子煎出香味。

2 将A混合均匀，与1中除松子以外的材料粗略搅拌，装盘后撒上松子。

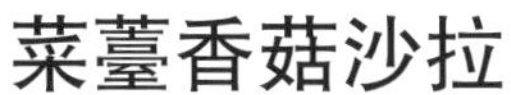

菜薹香菇沙拉

韩式　p5 特色　p5 中华　p4 日式酱油　p6 芝麻酱　p6 棒棒鸡

春季一定要吃鲜菜薹和豌豆，
搭配煎烤后味道更浓郁的香菇，美味的沙拉上桌啦。

材料（2 人份）

菜薹……100g
豌豆……50g
香菇……3 片
甜椒（红）……1/4 个
松子……2 小匙
韩式调味汁（p5）……1½ 大匙
红辣椒丝……少量

做法

1 切掉菜薹较硬的梗，放入水中，取出沥干水，焯一会儿后切成适口大小。豌豆去筋，焯一会儿后打开豆荚。香菇切掉根部，在烤架上煎烤后切成半圆形。甜椒切丝。松子煎出香味。

2 将1中除松子之外的材料用韩式调味汁拌匀，撒上松子、红辣椒丝。

印度烤虾沙拉

印度烤虾改良成咖喱风味，
这是款鲜嫩多汁的沙拉。

印度
调味汁

法式

材料（2人份）

鲜虾……6只

盐、黑胡椒……各少量

A
- 原味酸奶……1大匙
- 咖喱粉……1/4小匙
- 蒜末……少量

番茄……1个

黄瓜……1根

洋葱……20g

印度调味汁

B
- 孜然……1/4小匙
- 香菜籽……1/4小匙
- 法式调味汁（p4）……2大匙
- 印度香料……少量

鹰嘴豆（水煮）……50g

做法

1 虾剥壳后去除虾线，撒上盐、黑胡椒，放入混合均匀的A腌渍约15分钟，放入烤箱烘烤约8分钟。番茄、黄瓜切成适口大小，洋葱切小粒瓣。

2 将B中的孜然和香菜籽煎出香味，和B中的其他食材搅拌均匀。

3 将沥干水的鹰嘴豆、1中的蔬菜与2中的材料搅拌均匀，装盘后放上1中烤好的虾。

欧芹藜麦沙拉

富含维生素、铁、植物纤维等营养素的藜麦，
与富含铁的欧芹搭配成营养十足的沙拉。

材料（2人份）

藜麦……3大匙
欧芹……20g
薄荷叶……20片
番茄……1个
洋葱……1/4个
黄瓜……1/2根

A
橄榄油……1大匙
柠檬汁……1½大匙
盐……1/3小匙
胡椒……少量
蒜末……少量

做法

1 藜麦用水洗净放入锅内，倒入漫过食材的水，盖上锅盖，加热。沸腾后转小火煮约15分钟，静置冷却，用笊篱捞出沥干。

2 欧芹、薄荷撕碎，番茄切瓣，洋葱切丝，黄瓜纵向对半切开后再切2cm长的段。

3 将混合均匀的A、1中的藜麦和2中的材料，搅拌均匀。

生鱼片沙拉

南美腌渍海鲜"生鱼片"，
加入牛油果、蔬菜，南美风情扑面而来！

柠檬
甜辣调味汁

材料（2人份）

鲷鱼*（刺身用）……150g
番茄……1个
牛油果……1/2个
紫洋葱……30g
生菜、皱叶生菜……各1片
香菜……1根
柠檬片……2片
柠檬甜辣调味汁

A
橄榄油……1大匙
柠檬汁……1大匙
青辣椒**（切段）……1/2根
盐……1/5小匙
胡椒……少量
香菜籽……少量

* 任何一种白肉鱼都可以。
** 可用红辣椒代替。

做法

1 白肉鱼切薄片，番茄切适口大小，紫洋葱切丝。牛油果去核去皮，切成2cm大的小块。两种生菜撕成适口大小，香菜切碎。

2 将1中的材料装盘，撒上混合均匀的A。柠檬片对半切开，摆在沙拉上。

炸虾苦瓜西柚沙拉

炸出香味的虾与微苦的苦瓜、西柚混搭。
这是一款极具热带风情的沙拉！

材料（2 人份）

鲜虾……8 只
盐、黑胡椒……各少量
土豆淀粉……适量
煎炸油……适量
苦瓜（小个）……1/2 根
西柚……1/2 个
生菜……3 片
香菜……1 棵
椰油调味汁（p9）……全量

做法

1 鲜虾剥壳去除虾线，撒上盐、黑胡椒，裹上土豆淀粉，放入加热到170℃的油中，炸至酥脆。

2 苦瓜用汤匙去籽，切半圆片，放入热水中焯约10秒，放入冷水中冷却后取出捏干水分。西柚取出果肉，生菜撕成适口大小，香菜切2～3cm长的段。

3 将2中的生菜、苦瓜、西柚依次装盘，放上1中的虾，淋上椰油调味汁，放上2中的香菜。

Part-6

沙拉便当

午餐时间，
人气菜肴总是蔬菜多多的面或盖浇饭便当。
自己在家做沙拉便当，不仅实惠，
而且可以按照自己的口味来调配。
那么，怎样在便当盒内摆放沙拉？
如何携带汤汁或调味汁？
请参考本章的内容来试一试吧！

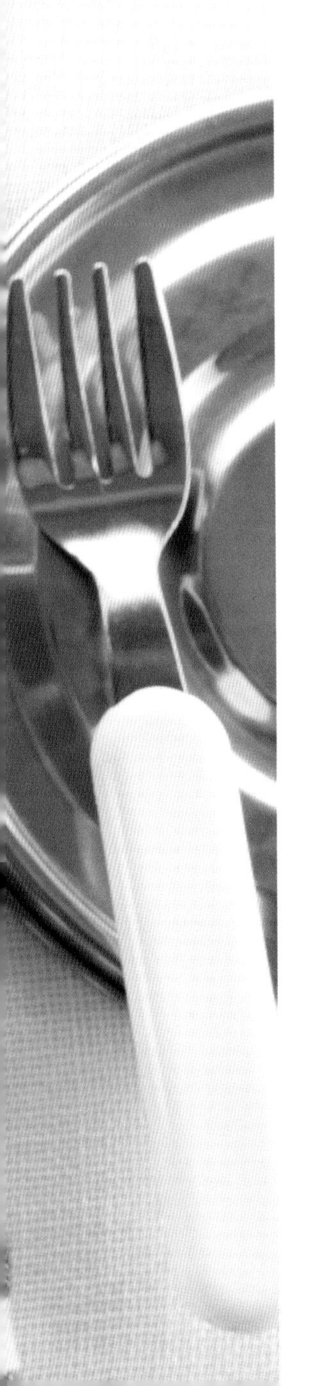

烤肉拌饭沙拉

韩式

烤肉便当很受欢迎，但往往缺少蔬菜，营养不够丰富。
这里介绍蔬菜搭配烤肉的沙拉便当。

材料（2人份）

牛肉（切片）……150g

A
- 酱油……1小匙
- 砂糖……1/2小匙
- 香油……1/2小匙
- 黑胡椒……少量

香菇……2朵

胡萝卜……40g

小松菜……50g

绿豆芽……100g

香油……1小匙

盐、黑胡椒……各少量

米饭……适量

生菜……4片

白芝麻……少量

韩式调味汁（p5）……3大匙

做法

1 牛肉切成适口大小，淋上A腌制一会儿，连同腌汁一起放入烧热的平底锅炒熟。

2 香菇、胡萝卜切丝，小松菜切3cm长的段。烧热的平底锅内倒入香油，将香菇、胡萝卜、小松菜和豆芽一起放入锅内炒熟，撒上盐、黑胡椒。

3 便当盒内装入米饭，依次放上撕成方便食用大小的生菜、2、1，撒上白芝麻，淋上韩式调味汁。

乌冬面沙拉

梅醋

排毒养颜的萝卜泥和丰富蔬菜堆叠的乌冬面沙拉，
淋上梅醋调味汁，味道更清爽。

材料（2人份）

乌冬面……2团
小沙丁鱼……4大匙
水菜……60g
黄瓜……1/2根
萝卜……150g
生姜……1片
紫苏叶……2片
萝卜苗……1/2袋
圣女果……2个
梅醋调味汁（p6）……全量

做法

1 乌冬面放入热水中煮熟，过冷水后沥干水分。小沙丁鱼浇上热水后捏干水分。水菜切3cm长的段，黄瓜切丝。萝卜和生姜切末，用纸巾包住捏干水分。

2 将乌冬面放入便当盒，再放上萝卜泥和小沙丁鱼。放上水菜、黄瓜、切掉根部的萝卜苗、圣女果，空隙中点缀上紫苏叶和生姜，淋上梅醋调味汁。

咖喱荞麦面沙拉

用非常受欢迎的猪肉沙拉，
与荞麦面搭配。
做成咖喱风味，味道更好，又方便食用。

材料（2人份）
荞麦面（煮面）……2团
猪肉（涮肉用）……100g
生菜……2片
甜椒（红）……1/4个
萝卜……100g
西蓝花……60g
A | 无油调味汁（p4）……全量
咖喱粉……1/2小匙

做法

1 荞麦面煮熟，过冷水后沥干水分。猪肉焯熟，生菜切粗丝，甜椒和萝卜切丝。西蓝花撕成小朵，焯熟。

2 荞麦面分成小份放入便当盒，装入猪肉和蔬菜，淋上混合均匀的A。

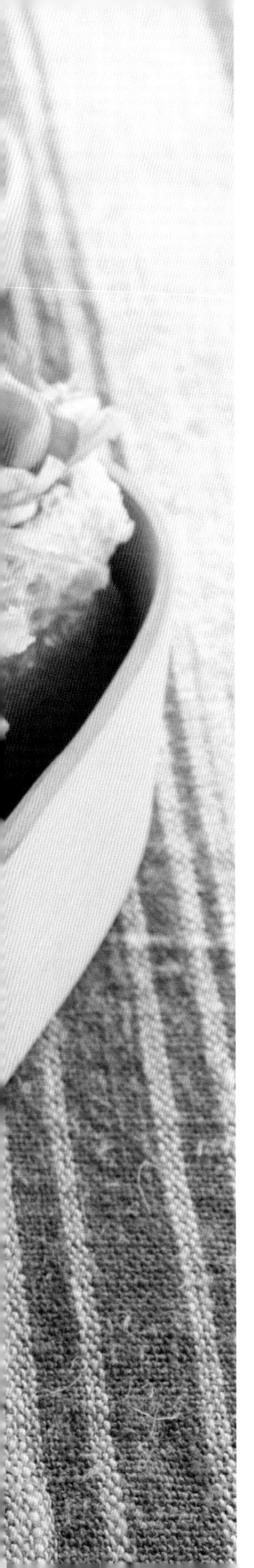

煎豆腐沙拉

番茄

牛油果酸奶

蛋黄酱

口感酥脆、香气诱人的煎豆腐，
内里填入拌上番茄调味汁的清爽米饭。

材料（2 人份）

油炸豆腐（煎豆腐用）……4 片

A
- 酱油……2 小匙
- 味啉……1 小匙

米饭……300g

B
- 番茄调味汁（p9）……6 大匙
- 盐……少量

生菜……1 片

黄瓜……1/4 根

煮鸡蛋……1/2 个

紫苏叶……4 片

虾（煮熟）……4 只

牛油果酸奶调味汁（p9）……全量

做法

1 将平底锅加热，放入油炸豆腐，两面煎至焦黄后取出，淋上混合均匀的A。

2 将B倒入温热的米饭内搅拌均匀，冷却后分成8等份。

3 生菜切丝，黄瓜和煮鸡蛋切片，紫苏叶纵向对半切开，虾剥壳去除虾线。

4 在1的油炸豆腐中填入2中的材料，开口向外翻约1cm，再放上3中的材料，淋上牛油果酸奶调味汁。

米粉沙拉

特色

大受欢迎的米粉做成沙拉便当。
米粉洒上香油，方便食用。

材料（2人份）

米粉……150g
香油……1小匙
鸡胸肉……1/2片
盐、黑胡椒……各少量
酒……1小匙
生姜……2片
鲜虾……4只
绿豆芽……100g
黄瓜……1/2根
番茄……1/4个
皱叶生菜……1片
煮鸡蛋……1个
柠檬瓣……2瓣
香菜……适量
特色调味汁（p5）……4大匙

做法

1 米粉煮熟，过冷水后与香油拌匀。鸡胸肉撒上盐、黑胡椒，放入耐热容器中，倒上酒，放上生姜，盖上保鲜膜，放入微波炉（600W）加热2分钟，冷却后切段。

2 鲜虾去除虾线，煮熟后剥壳。绿豆芽焯一会儿，沥干水分。黄瓜切丝，番茄切瓣，生菜撕成适口大小。

3 米粉分成小份装入便当盒，放上鸡胸肉、2、对半切开的煮鸡蛋、柠檬、切碎的香菜，淋上特色调味汁。

肉酱拉面沙拉

拉面一直很受大家欢迎。浇上味道浓郁的肉酱，将中华调味汁、蔬菜和面拌匀食用。

材料（2人份）

猪肉馅……150g
大葱……1/4根
蒜……1/4瓣
香油……2小匙
豆瓣酱……1/2小匙

A
- 甜面酱……2小匙
- 味噌……2大匙
- 酱油……1小匙
- 酒……1大匙
- 砂糖……1/2大匙

黄瓜……1/2根
紫洋葱……20g
榨菜（调味用）……30g
生菜……2片
樱桃萝卜……2个
中华面……2团
中华调味汁（p5）……2大匙

做法

1 葱和蒜切末。平底锅内倒入香油加热，放入肉馅大火炒，放入葱、蒜、豆瓣酱炒匀后关火，倒入A。中火加热，边搅拌边煮至黏稠。

2 黄瓜、紫洋葱、榨菜切丝，生菜切粗丝，樱桃萝卜切片。中华面煮熟，过冷水后倒入1小匙香油（分量外）拌匀。

3 煮好的中华面分成小份放入便当盒，放上肉酱和蔬菜，淋上中华调味汁。

三文鱼香草饭沙拉

法式

米饭可以补充能量，可苦夏时总觉得米饭太腻。
推荐这道混合香草、欧芹的清爽米饭沙拉。

材料（2人份）

三文鱼（切片）……2片
甜椒（红）……1/4个
西葫芦……1/2根
橄榄油……2小匙
米饭……300g

A
- 法式调味汁（p4）……2大匙
- 欧芹末……2大匙
- 罗勒末……2片的量
- 盐、黑胡椒……各少量

蔬菜叶……20g

做法

1 三文鱼切成适口大小，甜椒、西葫芦切块。平底锅内放入1小匙橄榄油加热，放入西葫芦、甜椒炒熟后取出。平底锅洗净，放入1小匙橄榄油，将三文鱼双面煎熟。

2 温热的米饭和A搅拌均匀，放入1中的材料，粗略搅拌后装入便当盒，放上蔬菜叶。

意大利面戈贡佐拉奶酪沙拉

女性喜爱的奶油和意大利面一起做成沙拉，美味依旧！
戈贡佐拉奶酪、蛋黄酱和酸奶完美混合，做出轻盈的口感。

材料（2人份）

意大利面……100g
橄榄油……1小匙
芦笋……3根
圆白菜……1片
甜椒（黄）……1/4个
贝柱……4个
盐、黑胡椒……各少量

A
戈贡佐拉奶酪……30g（室温静置软化）
蛋黄酱……2大匙
原味酸奶……1大匙

煮毛豆……20粒

做法

1 意大利面煮软，用笊篱捞出沥干水分，倒入橄榄油拌匀。

2 切掉芦笋较硬的根部，削去叶鞘后煮熟，切2cm长的段。圆白菜和甜椒焯熟，圆白菜切块，甜椒切段。每个贝柱切成2～3片薄片，焯熟。煮好的蔬菜和贝柱上撒上盐、黑胡椒。

3 将A搅拌均匀后，和1中的意大利面拌匀，放入2中的材料和毛豆，继续拌匀。

特色鸡肉米饭沙拉

特色

米饭和鸡肉都用特色调味汁调味。
做法简单却味道绝佳，一道很受欢迎的沙拉完成了！

材料（2人份）

鸡腿肉……1片
盐、黑胡椒……各适量
特色调味汁（p5）……3大匙
甜椒（红）……1/4个
青尖椒……1个
绿豆芽……100g
香油……2小匙
皱叶生菜……2片
香菜……适量
米饭……300g
柠檬片……1片

做法

1 拍打鸡腿肉使厚度均匀，用叉子叉几下表皮，撒上盐、黑胡椒。放入1大匙特色调味汁腌渍约15分钟，放入烤箱烤10分钟。将鸡腿肉切成适口大小。

2 甜椒切粗丝，青尖椒切薄片，和绿豆芽一起用香油炒熟，撒上少量盐、黑胡椒。生菜撕成适口大小，香菜切碎。

3 温热的米饭混合2大匙特色调味汁，装入便当盒，米饭上放上1中的鸡腿肉和2中的蔬菜，再放上柠檬片。

辣肉酱沙拉

墨西哥辣肉酱搭配面包。辣肉酱放入冰箱冷藏，可保存约 4 天。可以轻松做出一道便当。

材料（2 人份）

肉馅……150g
蒜……1/2 瓣
洋葱……1/4 个
橄榄油……2 小匙

A
- 番茄罐头……200g
- 四季豆……50g
- 辣椒粉……1½ 大匙
- 盐……1/3 小匙
- 黑胡椒……少量

面包……1/2 个
西蓝花……60g
西芹……1/2 根
生菜……2 片
玉米粒……40g
圣女果……6 个
比萨用奶酪……20g

做法

1 蒜、洋葱切末。平底锅加热，倒入橄榄油，放入蒜、洋葱炒软，放入肉馅继续炒，放入A搅拌均匀后盖上锅盖，沸腾后转小火，煮约10分钟。

2 面包切成1cm厚的片，略微烤一下。西蓝花撕成小朵，焯熟。西芹去叶去筋，斜着切薄片，生菜撕成适口大小。

3 将2中的蔬菜、玉米粒和圣女果装入便当盒。另取一个容器，倒入1中的辣肉酱，放上比萨用奶酪。面包配上辣肉酱和蔬菜食用。

专题：12 款懒人沙拉

日式蔬菜沙拉

盐曲调味汁
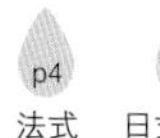
p4 法式

p4 日式酱油

材料（2 人份）
圆白菜……2 片
紫苏叶……2 片
盐曲调味汁（p9）……1 大匙

做法
圆白菜切粗丝，紫苏叶切丝，和盐曲调味汁搅拌均匀。

番茄芝麻酱沙拉

芝麻酱
p5 韩式
p4 无油青紫苏
p9 盐曲调味汁

材料（2 人份）
番茄……2 个
芝麻酱调味汁（p6）……1 大匙
黑芝麻……少量

做法
番茄切瓣，淋上芝麻酱调味汁，撒上黑芝麻。

黄瓜沙拉

菌菇

p4 日式酱油

p6 梅醋

p5 萨尔萨

材料（2 人份）
黄瓜……2 根
香油……1 小匙
盐、黑胡椒……各少量
菌菇调味汁（p6）……1 大匙

做法
黄瓜切块，平底锅内倒入香油炒黄瓜，撒上盐、黑胡椒，淋上菌菇调味汁炒匀。

法式　p5 韩式　p5 特色　p4 无油青紫苏　p6 梅醋　p4 意式

秋葵金枪鱼咖喱沙拉

材料（2人份）

秋葵……8根

金枪鱼……1小罐

A
- 法式调味汁（p4）……1大匙
- 咖喱粉……1/8小匙

做法

1. 秋葵去蒂，用盐轻轻揉搓表面，焯熟，纵向对半切开。
2. 将1中的材料和沥干汁液的金枪鱼装盘，淋上混合均匀的A。

胡萝卜鳕鱼子沙拉

法式

p9 盐曲调味汁

材料（2人份）

胡萝卜……1根

鳕鱼子……40g

A
- 法式调味汁（p4）……1大匙
- 蒜末……少量

做法

胡萝卜切丝，鳕鱼子去膜后捣碎。将混合均匀的A和胡萝卜拌匀，装盘，放上鳕鱼子。

西蓝花海带沙拉

法式
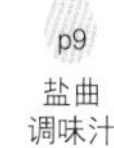
p4 无油青紫苏　p9 盐曲调味汁

材料（2人份）

西蓝花……150g

海带丝……10g

法式调味汁（p4）……2小匙

做法

西蓝花撕成小朵，用烤架烤3～4分钟，和海带、法式调味汁混合均匀。

圆白菜核桃沙拉

意式  p7 凯撒  p9 番茄  p9 牛油果酸奶

材料（2 人份）
圆白菜……3 片
核桃……10g
意式调味汁（p4）……1 大匙

做法
圆白菜撕成适口大小，核桃煎出香味后切碎。和意式调味汁混合均匀。

水菜培根中华沙拉

中华  p4 意式  p4 日式酱油

材料（2 人份）
水菜……100g
培根……2 片
色拉油……1/2 小匙
中华调味汁（p5）……1 大匙

做法
水菜切3cm长的段，培根切2cm宽的条。平底锅烧热放入色拉油和培根，炒好后和水菜、中华调味汁混合均匀。

茄子韩式沙拉

材料（2 人份）
茄子……3 根
韩式调味汁（p5）……1½ 大匙

做法
茄子去蒂，用保鲜膜包裹，放入微波炉（600W）加热4分钟，静置冷却后切2～3cm宽的段，淋上韩式调味汁拌匀。

 韩式  p5 中华  p6 棒棒鸡  p4 日式酱油  p6 菌菇

小沙丁鱼芦笋意式沙拉

意式　p4 法式　p5 萨尔萨

材料（2 人份）

小沙丁鱼……1 大匙

芦笋……150g

意式调味汁（p4）……1 大匙

帕尔玛奶酪……2 小匙

做法

1 小沙丁鱼焯熟，沥干水分。切掉芦笋较硬的部分，削去叶鞘，焯熟，切成适口大小。

2 将1装盘，淋上意式调味汁，撒上帕尔玛奶酪。

洋葱樱花虾特色沙拉

特色　p5 中华　p4 日式酱油　p5 甜辣

材料（2 人份）

洋葱……1 个

樱花虾……1 大匙

特色调味汁（p5）……1 大匙

香菜（装饰用）……适量

做法

洋葱对半切开，取出内芯后切薄片，放入水中浸泡，沥干水分。樱花虾和特色调味汁混合均匀，放在洋葱上，装饰上香菜。

西芹欧芹沙拉

材料（2 人份）

西芹……1 根

欧芹末……1 大匙

法式调味汁（p4）……1 大匙

做法

西芹去叶去筋后切细条，和欧芹、法式调味汁混合均匀。

图书在版编目（CIP）数据

人气沙拉 / (日) 岩崎启子著 ; 周小燕译. -- 海口:
南海出版公司, 2019.6

ISBN 978-7-5442-8846-0

Ⅰ.①人… Ⅱ.①岩… ②周… Ⅲ.①沙拉—菜谱
Ⅳ.①TS972.118

中国版本图书馆CIP数据核字(2019)第046851号

著作权合同登记号　图字：30-2019-005

RENQI SHALA
人气沙拉

策划制作：北京书锦缘咨询有限公司（www.booklink.com.cn）
总 策 划：陈　庆
策　　划：肖文静

作　　者：［日］岩崎启子
译　　者：周小燕
责任编辑：张　媛
排版设计：柯秀翠
出版发行：南海出版公司 电话：（0898）66568511（出版）（0898）65350227（发行）
社　　址：海南省海口市海秀中路51号星华大厦五楼　邮编：570206
电子信箱：nhpublishing@163.com
经　　销：新华书店
印　　刷：北京瑞禾彩色印刷有限公司
开　　本：889毫米 × 1194毫米　1/16
印　　张：8
字　　数：133千
版　　次：2019年6月第1版　　2019年6月第1次印刷
书　　号：ISBN 978-7-5442-8846-0
定　　价：49.80元